青少年 科普知识 读本

打开知识的大门，进入这多姿多彩的屒

能源
科学知识

伊　记◎编著

河北出版传媒集团
河北科学技术出版社

图书在版编目（CIP）数据

能源科学知识／伊记编著. --石家庄：河北科学
技术出版社，2013. 4（2021. 2 重印）
ISBN 978-7-5375-5805-1

Ⅰ.①能… Ⅱ.①伊… Ⅲ.①能源-普及读物 Ⅳ.
①TK01-49

中国版本图书馆 CIP 数据核字（2013）第 074769 号

能源科学知识

nengyuan kexue zhishi

伊记　编著

出版发行	河北出版传媒集团	
	河北科学技术出版社	
地　　址	石家庄市友谊北大街 330 号（邮编:050061)	
印　　刷	北京一鑫印务有限责任公司	
经　　销	新华书店	
开　　本	710×1000　1/16	
印　　张	13	
字　　数	160 千字	
版　　次	2013 年 5 月第 1 版	
	2021 年 2 月第 3 次印刷	
定　　价	32.00 元	

前言

　　能源是人类前进的动力，能源科学的进步推动着人类生产力的提高，从而推动着人类文明不断前进。所以掌握能源的使用技巧，掌握能源科学,对于人类生活的改变作用巨大。虽然人类对于能源认识得很早，但是真正运用到人类生活、军事中的时间是很短暂的。能源科学普及大众人群的工作、生活中的时间更是屈指可数。

　　掌握能源科学，对于人类自身发展的作用和重要性不言而喻，就如同汽油对于汽车的重要性一样。人类未来的发展中最重要的便是能源科学，现代人类缺少了能源可谓寸步难行。能源已经成为人类必不可少的生活物质，成为人类维系自身发展的核心动力之一。

能源的种类有很多，包括人们熟知的太阳能、化石燃料、风能、水能等。这些能源在人类发展过程中扮演着不同的角色，在人类科技没有发展到一定程度时，能源的来源只能依靠自然生成。如今能源科技的提炼技术发展迅猛，大量新型的煤炭、石油的提炼技术使得能源科学有了广阔的发展空间，使得能源科学的发展得到了进一步的提高。

但是能源并不是可以无限开采利用的，因为能源也有可再生能源与不可再生能源之分。就算可再生能源的生成也需要一定的时间，如果人类使用能源超过了自然循环再生的极限，那么这种能源有可能会被人类所耗尽。

前言

本书结合最新、最全面的能源知识，对一些人类经常使用的能源作了基本的介绍，让青少年朋友在了解能源的同时，将节约能源、保护地球、捍卫人类家园的知识运用到现实生活中。愿我们的地球更加美丽，愿人们的生活更加便捷，更加幸福。

古老先民的恩赐——煤和石油

煤炭的分类 ……………………………………… 2

煤是怎样炼成的 ………………………………… 3

煤的液化技术 …………………………………… 5

煤的汽化技术 …………………………………… 8

煤油和柴油的提炼 ……………………………… 12

现代工业对石油的依赖 ………………………… 15

石油的产业链条 ………………………………… 17

石油家族的构成 ………………………………… 18

让人记忆深刻的三次石油危机 ………………… 20

享之不尽的财富——太阳能

认识头顶上的太阳 ……………………………… 24

目录

Contents

太阳能的综合计算 …………………………… 29

太阳能的使用历史 …………………………… 33

太阳能的综合利用 …………………………… 39

怎样把太阳能存起来 ………………………… 40

把太阳能储存起来的电池 …………………… 44

太阳能采暖的建筑 …………………………… 47

太阳能热水器 ………………………………… 50

让太阳帮人类做饭 …………………………… 54

利用太阳能淡化海水 ………………………… 57

太阳能活用于军事领域 ……………………… 59

使用太阳能的交通工具 ……………………… 61

太阳池电站 …………………………………… 69

太阳能发电产业 ……………………………… 71

构想太阳能太空发电站 ……………………… 75

太阳能使用的利弊谈 ………………………… 77

大自然的献礼——风能

风从何处来 …………………………………………… 80

风的相关知识 ………………………………………… 82

这就是风的力量 ……………………………………… 85

什么是风能 …………………………………………… 87

风能的地域分布 ……………………………………… 89

风能发电 ……………………………………………… 90

风能发电的新思路 …………………………………… 92

让风不再寂寞的风轮机 ……………………………… 95

风能的大力发展 ……………………………………… 98

利用风来采暖的技术 ………………………………… 99

什么叫风力田 ………………………………………… 101

目录

Contents

目录

海洋的能源探寻——海洋能

海洋能源库 …………………………………………… 104

海底蕴藏着大量能源矿藏 ………………………… 113

让人垂涎的海底石油 ……………………………… 116

如何利用潮汐能 …………………………………… 118

开发潮汐能的探究 ………………………………… 120

开发海浪能源 ……………………………………… 122

水下的"风车"——海流发电 …………………… 127

温差能的利用 ……………………………………… 130

开发海洋生物能 …………………………………… 132

开发可燃冰资源 …………………………………… 134

能源战略后备力量——新型能源

从原子核中找到的能量 …………………… 138

费米和原子反应堆的故事 ………………… 144

什么叫氢能 ………………………………… 149

有一种能源叫氢能 ………………………… 152

怎样制取氢能 ……………………………… 156

氢是如何被发现的 ………………………… 159

如何利用微波能 …………………………… 161

来自地底的能源 …………………………… 163

地热能利用情况 …………………………… 166

生物质能 …………………………………… 169

目录

科技能源,综合开发

原子能开发的利弊 ┄┄┄┄┄┄┄┄┄┄┄ 172

欧洲新能源的开发利用 ┄┄┄┄┄┄┄ 185

德国太阳能利用 ┄┄┄┄┄┄┄┄┄┄┄ 187

科学家的设想——在月球上发电 ┄┄┄ 189

我国的太阳能使用现状 ┄┄┄┄┄┄┄ 190

法国的节能措施 ┄┄┄┄┄┄┄┄┄┄┄ 193

美国水资源节约措施 ┄┄┄┄┄┄┄┄┄ 195

美国的废物利用 ┄┄┄┄┄┄┄┄┄┄┄ 197

目录

Contents

古老先民的恩赐

——煤和石油

也许有些朋友对于「化石能」这个名词有些陌生，相信提到石油、煤矿、天然气等资源，我们就不会有陌生的感觉了。这些与生活息息相关的能源都来自于地下，都是经历过千年万年甚至亿年的时光才得以生成的。

煤炭的分类

煤是一种复杂的混合物，它的主要成分是碳、氢、氧和少量的氮、硫或其他元素。氮和硫是煤最主要的杂质，这些杂质燃烧后会产生大气污染物。

煤中还含有许多放射性元素和稀有元素，如铀、锗、镓等，这些放射性元素和稀有元素是科技工业所需的重要原料。

煤的种类很多，按不同的标准有不同的分类方法：

（1）根据碳化程度，由低到高可分为泥炭、褐煤（棕褐煤、黑褐煤）、烟煤（生煤）、无烟煤。其中，无烟煤的碳化程度最高，泥炭的碳化程度最低。

（2）根据岩石结构，可以分为烛煤、丝炭、暗煤、亮煤和镜煤。烛煤是由许多小孢子形成的微粒体组成的煤；含丝质体的为丝炭；含粗粒体的为暗煤；含有镜质体和亮质体的为亮煤；煤表面光亮，结构坚实，含有95%以上镜质体的为镜煤。

（3）根据煤中含有的挥发分多少，可以分为贫煤（无烟煤，含挥发分很低）、瘦煤（含挥发分比贫煤高点）、焦煤（含挥发分比瘦煤高）、肥煤（含挥发分比焦煤高）、气煤（含挥发分又比肥煤高）和长焰煤（含挥发分最高）。其中焦煤和肥煤最适合用于炼焦碳。一般情况炼焦都是将多种煤按一定比例混合在一起炼的。

煤是怎样炼成的

　　煤的形成过程又叫做植物的成煤过程。一般认为，成煤过程分为两个阶段，即泥炭化阶段和煤化阶段。前者主要是生物化学过程，后者是物理化学过程。煤正是由植物残骸经过复杂的生物化学作用和物理化学作用转变而成的。

　　在泥炭化阶段形成了泥炭或腐泥。植物残骸是经过了既分解又化合的过程而形成的，所以泥炭和腐泥都含有大量的腐殖酸，但它的组成与植物的组成却有很大的不同。

　　煤化阶段首先要经过成岩作用，即泥炭层在地热和压力的作用下，发生压实、失水、肢体老化、硬结等各种变化而成为褐煤。其密度比泥炭大，碳含量相对增加，腐殖酸含量减少，氧含量也减少。

　　其次要经过变质作用。随着褐煤的覆盖层的加厚，地壳继续下沉。而褐煤在地热和静压力的作用下，再继续进行物理、化学变化而被压实、失水，形成了烟煤。烟煤对于褐煤而言碳含量增高，氧含量减少，腐殖酸已不存在了。烟煤继续由低变质程度向高变质程度变化，从而出现了低变质程度的长焰烟煤、气煤，中等变质程度的肥煤、焦煤和高变质程度的瘦煤、贫煤。其中碳

含量也随着变质程度的加深而增大。

在成煤的化学反应过程中，温度有着决定性的作用。煤的变质程度随着地层加深，地温升高而逐渐加深。并且高温作用的时间愈长，煤的变质程度愈高，反之亦然。如果在温度和时间的同时作用下，煤的变质过程基本上只是化学变化过程。但其化学反应却是多种多样的，包括脱水、脱羧、脱甲烷、脱氧和缩聚等。

在煤的形成过程中，压力也是一个重要因素。其中反应速度会随着煤化过程中气体的析出和压力的增高，而变得越来越慢，但却能促成煤化过程中煤质物理结构的变化，能够减少低变质程度煤的孔隙率、水分，增加密度。

随着气候和地理环境的改变，处于不同地质年代的生物也在不断地发展和演化。单就植物而言，从无生命一直发展到被子植物。这个演变过程的植物在相应的地质年代中形成了大量的煤。在整个地质年代中，全球范围内有三个大的成煤期：

古生代的石炭纪和二叠纪，孢子植物是主要成煤植物，烟煤和无烟煤是主要煤种。

中生代的侏罗纪和白垩纪，裸子植物是主要成煤植物，褐煤和烟煤是主要煤种。

新生代的第三纪，被子植物是主要成煤植物。褐煤是主要煤种，其次为泥炭，也有部分年轻烟煤。

煤的液化技术

　　煤是一种高热值能源。作为一种燃料，煤与石油相比，无论从运输和储存方面来看，还是就其通用性而言，都有许多不足之处。

　　早在第一次世界大战期间，交战双方都痛感石油的重要，贫油的德国千方百计地企图把煤变成石油一样的液体燃料，即人造石油。德国科学家的努力，为煤的液化奠定了基础。

　　煤的液化，就是指在一定的工艺条件下，通过各种化学反应，把固体的煤炭变成液体的燃料。煤怎样才能变成石油呢？原来煤和石油都是由碳、氢及少量其他元素组成的，但这些元素的比例不同，煤的分子量也比石油大得多。只要设法改变碳氢比例，并将煤热解成较小的分子，煤就会变成石油样的液体燃料。地质年代越浅的煤，元素组成与石油越相似，其液化也就越容易，如褐煤比烟煤、无烟煤容易液化。

　　虽然煤和石油的化学成分基本相同，都是由碳、氢、氧等化学元素组成的。石油的主要成分是碳和氢，硫和氧的含量特别少。而煤却是一种复杂的混合物，它的分子量很大，是石油的 10 倍，甚至更多。

　　煤跟石油的另一个主要区别是，它们所含的碳原子的数目和氢原子的数目之比不相同，煤的碳、氢原子比大约是石油的 2 倍。也就是说，煤的碳原子数目比石油的多，而氢原子数目却比石油的少。但是，煤的氧原子和氮原子的数目又比石油的多很多。另外，从分子结构上来看，煤的碳原子主要是环状形式结合在一起的，而石油的分子结构主要是链条式。

　　因此，科学家就可以设定一定的条件，像高温、高压等条件，向煤的分子

里加进大量的氢元素，把大分子变成小分子，使它的结构跟石油差不多。这就是煤的液化原理。

煤的液化反应实际上很复杂，要在400～480℃，10～30兆帕压力的条件下，才能够进行。煤受热后，有一部分直接变成油，另一部分先变成一种不太稳定的中间产物——"沥青烯"，沥青烯再与氢气反应生成油。不过，煤并不能全部变成油，其中一些不参加液化反应的物质，像煤里的灰分等，也混在里面。因此，液化反应以后，还需把这些东西从油里分离出去。这时所得到的液化油是暗褐色的，还不能直接用做燃料，还需送到炼油厂再加工。

细心的人不难发现，在一块煤上有很多层，有的乌黑发亮，有的暗淡无光。在煤岩学上，黑色发亮的部分叫亮煤，又叫镜煤，它很容易被液化，因此人们管它叫活性组分；那些不容易或不能被液化的部分，人们称它为惰性组分，惰性组分不能变成石油，最后成渣子，可以用来制取氢气。

煤的液化技术：煤的液化技术从开发到现在已有近一个世纪的历史了，研究的工艺不下几十种。大体上可以分成两大类：一类是直接液化法，另一类是间接液化法。

直接液化法，就是把煤和溶剂混合在一起，制成稀粥一样的煤浆，经过加氢裂解反应，直接变成液体的油。目前许多国家都在积极探索和研究这种方法。

间接液化法，不是直接得到液体油，而是先把煤炭变成一氧化碳和氢气，也就是煤的汽化，然后再把这两种混合气体合成为液体燃料。现在这种方法已经开始工业化生产。

液化煤炭技术的几种方式如下：

1. 间接液化法（费－托法）

先在汽化器中用蒸气和氧气把煤气化成一氧化碳和氢气，然后再在较高的压力、温度和存在催化剂的条件下反应生成液态烃。

南非（阿扎尼亚）1956年投运

的第一座费希-托洛希煤炭液化工艺的工厂，是世界上唯一具有商业规模的液化厂。日产液化煤炭1万桶（1桶=159升）。产品包括重油、柴油、煤油和汽油等。

用费-托法生产液态燃料，需要经过汽化和液化两段流程，生产工艺繁杂，液体产品的收集率不高，每吨原料煤只能出1.5桶液体产品。

2. 氢化法

分直接加氢液化法和溶剂萃取法两类，是煤炭液化技术的研究重点。

（1）直接加氢液化法。这一液化方法的代表性技术是美国烃研究公司的氢-煤法。它要通过催化剂的帮助，直接加氢，从煤中制取液体燃料，每吨煤可生产液体燃料3桶。

氢-煤法能否投入工业生产的关键，是要提供廉价的催化剂和大力降低氢气的消耗量。现在的技术，用氢-煤法每处理1吨原料煤需要消耗600立方米的氢气，比其他液化方法高得多，从而使生产成本降低。

（2）溶剂萃取法。美国发展的溶剂精制煤法，是利用载氢能力好的蒽油和反应过程中产生的重质油对煤进行萃取，得到灰分和硫含量很低的固体溶剂精制煤或液体燃料。这种方法不使用催化剂，每吨原料煤可生产2.5~3桶液体产品。

3. 热解法

也称碳化法，是从煤中获取液体燃料最老的一种方法。如炼焦和生产城市煤气时得到的副产品煤焦油经过加氢精制就可以得到液态产品。但是，现在研究热解法的目的已经成为获取液态产品的手段了，而固态和气态产品则仅仅是这种方法的副产品。

这种方法采用多段流化床热解技术，不用催化剂，也不用溶剂萃取，但油的收集率低，只有20%，半焦占60%，还副产一些煤气。

煤的汽化技术

煤炭是几亿年前到几千万年前，地球上的植物被埋在地下，经过压力和高温等地质作用，逐渐碳化变成的。不同的地质年代，地球上生长的植物不一样，再加上生成煤的条件又有所不同。因此人们才能见到褐煤、烟煤和无烟煤等多种煤。但是，无论哪种煤都是固体，使用和运输都不方便。直接烧煤，热效率低，浪费大，同时还会放出二氧化硫和氧化氮等有害气体，严重污染环境。

为了改变以上状况，人类不能再把那么多的煤炭直接烧掉了。最好的办法就是把固体的煤炭变成气体，或者变成液体来使用，这样既可以提高热效率，又不会污染环境。

煤的汽化。煤的汽化就是借助水蒸气、空气或者氧气等气体，在高温条件下，把煤炭里的大分子结构打碎，变成小分子的可以燃烧的气体。

煤的汽化可以追溯到 1883 年，英国建起了世界上第一个大型汽化炉，叫伍德炉。到今天为止，人类探索研究煤的汽化工艺不下几百种。20 世纪 30 年代，德国发明了温克勒流化床化炉和鲁奇加压汽化炉，用来生产城市煤气。第二次世界大战期间，为了军事上的需要，纳粹德国用煤汽化所生产的气体曾经合成了汽油。20 世纪 60 年代以后，进入了天然石油时代，汽化用的大部分原料就从固体的煤炭转向液体石油。1973 年以后，由于天然石油供应紧张，因此，煤的汽化技术的研究又进入一个新的历史

阶段。

在煤的汽化工业中，从煤里提取出来的煤气，有的用作燃料，成为优质高效、无污染的能源；有的成为化工原料，制成各种化工产品。

如果汽化所生产的煤气是用来做燃料的，那就必须使煤中的碳同水蒸气的氧发生化学反应，即以碳氧的反应为主，第一步先生成一氧化碳，然后让它再同水蒸气继续发生化学反应，生成氢气和二氧化碳混合气体，经过洗涤，除去二氧化碳，剩下比较纯净的氢气。最后，它再同煤中的碳发生化学反应，生成的就是人们需要的气体燃料——甲烷。

如果汽化生产的煤气是用来做化工原料的，就应该减少甲烷的含量，增加氢气的含量。

汽化的初期阶段，大部分灰分变成了灰渣，从汽化炉下面排出去了，只有少部分灰分和氮、硫等元素一起参加化学反应过程。为了保证汽化煤气的质量，减少环境污染，必须把煤气再做净化处理。

一般来说，人们把中热值煤气和高热值煤气用于城市煤气，低热值煤气可用在化工合成上，也可用做联合循环发电的燃料。

煤层气——潜在的能源：煤和煤系地层形成过程中产生的天然气，称为煤气，俗称瓦斯。是一种高效、优质、清洁、无污染的理想民用燃料和化工原料。其成分是以甲烷为主的干气，重烃含量很少。1立方米煤层气产生约35 530焦耳热量，比1千克标准煤的热量还高。

煤层气是腐殖质在煤化变质过程中热分解的产物，随着煤化变质程度的加深，释放出来的气体量也随之增加。如1吨褐煤形成时产生38~68立方米煤层气，1吨高变质的无烟煤能产生346~422立方米煤层气。煤化过程中形成的大量煤层气，大部分散逸在大气中。一部分以煤层本身为储气层，以吸附或游离状态附存于煤层的孔隙、裂隙、缝隙中，称为煤层气。这种气一般储量较小。每吨煤吸附的瓦斯量的多少，取决于煤的种类、温度、压力、裂隙度、埋藏深度、有无露头和相邻地层的渗透性等因素。另一部分煤层气则在适当的地质条件下，运移到其他地层，如砂岩、石灰岩中储存，在"生、储、盖"适合的条

件下，便聚集成气藏。这种煤层气储量都较大，往往形成有工业价值的气田。

所谓生，是指要有聚煤的地质环境和大量腐质有机质聚集，有使煤变质生成气的物理、化学条件；储，是指要有一定的地质构造为运移来的煤层气提供储集场所；盖，是指气层上部要有良好的盖层覆盖，把煤层气圈闭起来。盖层以蒸发岩最好，泥质岩次之，盖层厚度越大，分布越广，形成的气田就越多、越大。

据统计，全世界已探明的天然气储量大气田绝大多数为煤层气类型，且特大气田的前5名都为煤层气形成。如苏联20世纪60年代发现的西伯利亚特大型气田，可采储量达到万亿立方米，占苏联天然气可采储量的70%，占世界天然气可采储量的22.7%，使苏联20世纪80年代的天然气储量和产量比20世纪50年代中后期猛增数十倍。又如荷兰东北部格罗宁根大气田，大气母岩就是石炭纪含煤地层，目前已探明天然气储量超过2.2万亿立方米。该气田发现后，使荷兰天然气产量增加486倍，从能源进口国一跃而为出口国。煤层气田储量大，强烈吸引着人们在有煤和煤系地层地区寻找天然气田。

目前，各工业国家在采煤的同时，都将抽放的煤气用管道输送出来加以利用，每年抽放量超过35亿立方米。其中俄罗斯12.3亿立方米，德国6.9亿立方米，美国5亿立方米，日本2.8亿立方米，中国3亿立方米。以生产1吨煤瓦斯抽放量计，日本15.2立方米，法国7.4立方米，德国5.7立方米，中国0.5立方米。

埋在地层下的煤，在地下煤层中直接汽化后引出煤气。煤的地下汽化原理：先从地面打钻井到煤层，通过钻井压入空气将煤点燃，煤层部分不完全燃烧，形成煤气，汽化区域产生的煤气从附近的另一钻井引出抽回地面；或者从地面压入高压氢气，使氢气渗入煤层，在高温下煤和氢气反应生成气体燃料。这种地下汽化法不需要复杂的采掘机械，不需要挖坑道、设竖井，工人不需要地下作业，劳动强度低，工作条件获得很大改善。尤其对于薄煤层、深层煤和劣质煤矿很有吸引力。煤能够在地下汽化，这是煤炭工业的一次革命。目前的困难在于地下反应不易控制，煤气产量不稳定，另外对地下水的污染问题还没有解决。

煤的地下汽化，是1863年英国学者威廉·西门最早提出来的。在这100多年的时间里，世界各国，特别是苏联、美国、英国、德国、日本、法国等均进行了煤炭地下汽化实验。目前有的国家已开始深层煤炭的地下汽化试验。煤的地下汽化的方法有以下几种。

（1）钻孔贯通法：在地面上打两个钻孔直达煤层，通过反向燃烧注入高压空气等方法在煤层中形成通道。贯通后汽化燃烧面会调转推进方向，逐步扩大和推移贯通通道，从而不断产生低热值煤气，由出气口集中输导到地面。该方法的关键在于两钻孔间的气流控制和煤的有效利用率。生产的低热值煤气可供发电和燃烧。

（2）充填床法：先对煤层进行震动爆破，使煤层松散，形成透气性的汽化反应区，再沿四周从地面打若干入汽孔到煤层顶部，并打集汽孔直达煤层底部。从入汽孔送入气化剂点燃煤层顶部，使其燃烧形成汽化带，逐步向下和向外扩展，不断生成煤气，通过煤层底部的集气孔送往地面。该方法用空气和水蒸气鼓风生产，其成分主要是甲烷、一氧化碳、水蒸气和氧气，为中热值煤气。经地面处理后的管道煤气热值可达35 530焦耳/立方米。

（3）壁炉法：是利用钻孔和煤层本身的自然裂隙的透气性直接汽化。从地面通向煤层的钻孔群是互相平行的定向斜孔，横卧于煤层内，形成长壁炉体，在一对入气孔中注入汽化剂，并在两个入气孔间点燃煤层，形成汽化带。通过邻近的集气孔向地面输送煤气。

（4）倾斜煤层汽化法：沿煤层倾角在煤层中打一排平行钻孔作为集气孔，并使底端贯通，在煤层中形成水平通道。再从地面打垂直钻孔，使其恰巧与煤层底部水平通道相通，作为初期性气孔。汽化时先在水平通道将煤层点燃，用垂直孔输入空气，由沿煤层的集气孔把煤气输往地面。

煤油和柴油的提炼

石油家族中的煤油在日常生活中发挥着重要的作用，它是最早被人们用来照明的。

在电灯发明之前，许多大城市照明用的都是煤气灯。在电影中经常会出现这样的镜头：带有玻璃罩的煤油灯给古老城市的人们带来了点点光明。

为什么不用汽油去点灯呢？大家都知道汽油的脾气太暴躁。它一遇火便会猛烈地燃烧起来，别说点灯，就连整个灯架都会被它烧毁。严重的话，还会引起火灾。

那么，用重油去点灯可以吗？事实证明根本行不通。因为重油着火点很高，因此，用它点灯实在是太费事了。

煤油的"性格"比较温顺，着火点不高，很方便点燃。而且燃烧起来也不火暴，柔和得像古老的菜油灯一样，因为菜油比煤油贵，所以菜油灯很快便被煤油灯取代了，在城市和许多乡村中一度很流行，直到电灯出现。

难道从此以后煤油就没有用武之地了吗？于是有人想用它做内燃机的燃料，然而它太"温和"了，根本就无法带动内燃机工作，因此只能以失败告终。

后来，人们发现早期的内燃机存在许多不足之处。工作原理与蒸汽机十分相似，是靠活塞的往复运动，带动曲柄和连杆，变成圆周运动，非常麻烦。于是，有人开始想如果取消活塞和汽缸，让燃气直接推动叶片旋转，那样内燃机会工作吗？

1872年，德国工程师希托首先设计出了热空气式轮机，并获得了专利。1906年，法国工程师阿孟高和列马里共同完成了一台试验性的燃气轮机。到20

世纪30年代，实用的燃气轮机终于出现了。

1928年，英国科学家惠特尔提出，用燃气涡轮机的喷气去推动飞机，并且构思出涡轮喷气式发动机的想法。1941年5月14日，喷气式发动机在英国试验成功。

喷气式飞机从此取代了活塞式飞机，使航空事业进入了一个新领域。有趣的是，活塞式飞机的发动机烧的是汽油，而在喷气式飞机上烧的竟是煤油。

因为喷气式发动机和活塞式发动机结构不同，喷气式发动机里没有活塞和汽缸，因此不存在汽缸的损坏问题，也就不需要用含"异辛烷"值高的汽油这样的燃料了。另外，喷气式发动机要求燃料在燃烧室内猛烈燃烧产生喷气，从而推动飞机飞行。然而最关键的一点是燃料的发热值要高。发热值越高，燃料的密度也就越大，飞机上容积有限的燃料箱里能储存的燃料也就越多。而从150～250℃分馏出来的煤油正符合这些要求。因此，用它作喷气式发动机的燃料再合适不过了。

煤油不仅成了喷气式飞机的理想燃料，而且还是一种新型汽车所需的燃料，这种汽车被称为喷气式汽车。苏联的莫洛托夫汽车工厂曾研制出一种喷气式赛跑车，它就是以普通煤油作燃料，时速竟然达到300千米。

人们都知道火车是个大家伙，如果用汽车使用的燃机去开火车，那消耗的汽油可就供不起了。于是，人们想起了柴油，柴油可比汽油便宜多了。不过柴油可没有汽油那么容易燃烧，那么，怎样才能让它在内燃机里燃烧起来呢？

经科学家分析，柴油在高温的空气里很容易被点燃，而且一旦点燃，效果

并不亚于汽油。关键要有高温的空气。于是，科学家对燃烧汽油的内燃机进行了改造，先让汽缸吸入空气，再加以压缩，这样一来，空气的温度就会急剧升高。然后，再将柴油通过细孔喷射到高温空气中，高温的空气使柴油形成细雾，就会在很短的时间内点燃，这种内燃机被称为"压燃式内燃机"。我们通常称它为柴油机。

柴油机有许多不足之处。因为有一套使空气加压的装置，所以比起一般的内燃机要笨重一些。此外，因为它要加很大的压力，所以噪声比较大。另外，加压需要一定的时间，因此它的启动速度也比较慢。

然而柴油机的这些缺点，和它用油便宜的优点相比，还是很划算的。比如说，柴油机被用来做火车头就比较理想。火车本身就很笨重，但再笨重也比带着大锅炉的蒸汽机火车轻巧许多，火车在宽敞的火车道上启动，跟在喧闹的马路上启动比起来，启动速度慢一点无关紧要，噪声大点也无大碍。

用柴油机做火车头的历史已有70多年了，这种火车头后来被叫做内燃机车。1958年中国开始研制内燃机车，第一批内燃机车有"东风""东方红"等型号，一节机车为2000～4000马力。

内燃机车的推动方式有多种，一种是用柴油燃烧产生高温高压燃气来推动活塞往复运动，通过连杆带动曲柄旋转，从而使车辆前进；另一种是通过柴油机带动发电机，再由发电机带动电动机使车轮旋转；还有一种是用柴油机通过液压装置带动车轮旋转。

柴油机的热效率较高，接近总效率的30%，这要比蒸汽机大3倍。由于热效率高，所以消耗燃料较少，一次加足油能行驶500～800千米，并且可以将油直接存在车上。柴油机不必消耗大量的水，可在沙漠和干旱缺水地区工作，这样就为中国边远地区开通火车提供了方便。

如今在各个领域都有柴油机的身影，它越来越受到人们的欢迎，呈现一片美丽前景。

现代工业对石油的依赖

石油是一种自然矿物资源，又称原油，是从地下深处开采出来的黑色和棕色黏稠液体。它是由古代海洋或湖泊中的生物经过漫长的演化形成的混合物，属于自然化石燃料。

石油的主要成分是由碳和氢化合形成的烃类化合物，碳、氢含量占95%～98%。各种不同成分的碳氢化合物种类达上千种。各种化合物的分子大小和沸点不同，可以应用分馏法把它们分离出来。

一次加工就可获得汽油、煤油、柴油、燃料油等能源材料，这些都是国民经济所必需的。它的副产品"裂化气"里面，包含着大量有用的化工原料。为了合理地利用这些化工原料，又形成了深加工工业——石油化工。

石油化工的出现弥补了自然资源的不足。它的最终产品中有三大人造有机材料：人造纤维、人造橡胶、人造塑料。它们改变了世界物资供应短缺状况，大大地丰富和改善了人们的生活状况。石油化工还促进农业发展，由它生产的氮肥占世界化肥总量的80%。此外，农用塑料薄膜和新型建筑材料都离不开石油化工。

高科技发展更是离不开石化工业。航空航天用的以碳纤维为主的各种复合材料，使飞机和飞船重量大大减轻。高性能的耐烧蚀材料能保护飞船抵抗

2000～3000℃高温安全返回。今天的社会中，人们的衣、食、住、行，哪一样都离不开石油化工产品。石油成为国民经济和现代生活不可缺少的重要资源。

第一次能源结构大变革——煤炭时期

18世纪，蒸汽机的发明导致第一次技术革命，改变了以薪柴为主的传统能源结构。煤炭成为工业的主要能源，因此，这个时期被称为"煤炭时期"。

第二次能源结构大变革——石油时期

19世纪末期发展起来的电力、钢铁工业和铁路技术，带动汽车和内燃机技术的推广发展，煤炭作为主要能源已越来越不适应社会需要，石油迅速登上能源舞台。特别是"二战"以后，石油成为主要能源。在20世纪70年代约占总能源的50％。这个时期被称为"石油时期"。

第三次能源结构大变革——新能源开发时期

自1973年开始，国际上接连出现几次石油大危机。这使世人认识到，石油是一种蕴藏量极其有限的宝贵能源，一方面必须设法提高利用率，尽量节省；另一方面，必须采用新的方法寻求替代能源。从而开始"新型能源开发应用"时期。

据国际能源资料统计和专家预言，在四大能源中，适合于经济开采的石油和天然气资源只能再开采30年，最多50年便将耗尽。另据地质学家推测，全球石油资源总数的一半蕴藏在海底及地壳之下，尚未发现。近年来专家估计海底石油储量在2500亿吨以上，即使都开采出来，也仅够人类使用270年。煤炭是两千多年来的传统能源，它的储量基本上不会增加，只会减少，总储量仅够开采300年。一场能源危机摆在面前，它迫使人们尽早采取措施，在节约能源的同时，积极开发新能源，渡过能源危机。

石油的产业链条

　　据历史记载，人类从发现石油至今已有3000多年了。世界各地对石油的应用都很早，但仅局限于原始应用。人们只是在地表上收集油苗，还没有探索出一种从地下采油的科学方法。1627年，法国传教士J. D. 戴隆，在美国伊利湖印第安人居住区内发现一大片油田，而且质量很好。1848年，俄罗斯在巴库地区建立起第一口油井，标志着世界近代石油的开端。1854年，美国匹兹堡S. M. 基尔，为人类创造了一个商业性的奇迹。他成功地从盐井中提炼出石油，日产量达5桶。1859年美国在宾夕法尼亚州建立了第一口油井，预示着石油的美好前景。1863年，美国约翰·洛克菲勒开始经营炼油业。

　　1882年，美国美孚石油公司正式成立，同年美国埃克森石油公司也注册成立，石油工业开始向更高的台阶迈进，呈现出一片繁荣景象。

　　20世纪20年代至30年代，更为先进的炼油技术呈现在人们面前，它以法国人荷德利发明的"催化裂化法"为代表。该方法是利用热力、压力和催化剂将重油裂解为轻油类，主要是汽油。还有一种炼油法——聚合法，它是把小分子合成为大分子，将提炼到的较轻气体聚合成汽油及其他液体。加入多种添加剂可提高油品的质量，美国20世纪50年代车用机油的换油期仅为2800千米，

而添加剂用量还不足 5%；60 年代添加剂用量增加了 3%～5%，使车用机油换油期提高了 2 倍，达 8400 千米；70 年代则增加到了 15%，其换油期飙升到了 6000～20 000千米。这一时期大型炼油厂开始涌现。在 20 世纪 70 年代初期，世界上一般新建炼油厂的平均规模在 500 万吨左右，到 80 年代翻了一番，美属维尔京群岛克罗伊炼油厂是最大的炼油厂，每年可炼油 3640 万吨。

石油还可制成药品、染料、炸药、杀虫剂、塑料、洗涤剂及人造纤维等有机化合物。英国工业生产的有机化合物，其原料 80% 来自于石油。石油在裂化过程中会产生乙烯，我们利用乙烯易与其他化学物化合的性质，制成了大量的石油化工产品。在裂化过程中还会生成丙烯、丁烯、石蜡和芳香剂等其他产物，利用这些产物又可制成成百上千的石油产品。

石油这种大自然恩赐的能源在我们人类的生产和生活中的应用已经越来越广泛，我们也越来越离不开它了。

石油家族的构成

石油是一种化石燃料，它的形成源于亿万年前在海洋或湖泊中的生物经历的漫长演化。石油又被称为原油，这种棕黑色的可燃性黏稠液体是从地下深处开采出来的。石油的密度为每立方厘米 0.8～1.0 克，黏度范围很宽，凝固点差别也很大（30～60℃），沸点范围为常温到5000℃以上，可溶于多种有机溶剂，不溶于水，但与水混合可形成乳液状。不同产地的石油中，各种烃类的结构和所占比例有很大不同，但主要属于烷烃、环烷烃、芳香烃三类。我们将以烷烃为主的石油称为石蜡基石油；将以环烷烃、芳香烃为主的石油称为环烷基石油；介于两者之间的则被称为中间基石油。中国石油的主要特点是含蜡多，凝固点高，含硫量低，镍、氮含量适中，钒含量少。

从地下采出来的石油，是一种颜色很深的黏稠液体，被称为原油。原油的颜色因产地的不同而不同，大庆出的原油呈黑色，玉门出的原油呈绿色，而克拉玛依出的石油却是呈褐色。

这是什么原因呢？原来是原油中的胶质和沥青含量不同，含量越多颜色就越深。原油还带有各种特殊的气味，这是因为里面含有一些特殊的成分。如果原油里面含有硫化氢，那么它便会散发出一股臭鸡蛋味。大多数原油都可以浮在水面上，因为原油的"体重"比较轻，密度只有水的2/3，只有极少数比水重。

原油是由什么元素组成的呢？经分析发现，它的主要元素是碳和氢。其中碳元素占2/3左右，氢元素占1/10左右，同时还含有极微量的硫、氧、氮等元素。碳和氢可以形成多种化合物，按原子数排列的不同可分为甲烷、乙烷、丙烷、丁烷、戊烷、己烷、庚烷、辛烷、壬烷、癸烷、十一烷、十二烷等。石油就是由这些化合物组成的。

由于组成石油的各种化合物性质不同，所以不能直接使用。为此，科学家决定用分馏的方法将它们分开。

甲烷、乙烷、丙烷、丁烷在常温下呈气体状态，通过蒸馏，它们会从蒸馏塔顶跑出来。

当加热到 40～150℃时，戊烷、己烷、庚烷、辛烷、壬烷等化合物就会从蒸馏塔顶部流出，它们在这个温度下呈液态。这部分液体油被称为汽油。

当温度为 200℃时，癸烷、十一烷至十五烷等化合物的混合物就会从蒸馏塔中部流出。这部分化合物也呈液态，被称为煤油。

当温度在 200～300℃范围内时，则会在蒸馏塔下部流出另一种液体。这种液体的成分包括十一烷至二十烷等，被称为柴油。

继续加温，从 300℃开始，就会在蒸馏塔底部流出一种沸点很高的液体来，这种液体是由十六烷至四十五烷等化合物组成的，被称为重油。因为重油的沸点很高，所以到 400℃时也不蒸发，所以普通的加热方法在它身上便不起作用了。因此科学家采用减压加热法，使重油又"分家"了，又得到了柴油、润滑油、石蜡、沥青等许多有用的东西。

让人记忆深刻的三次石油危机

冷战结束后，全球面临经济发展与能源紧缺的双重压力。随着工业快步发展、人口迅速增长和生活水平提高，能源短缺已成为世界性问题，能源安全也受到越来越多国家的重视。

世界石油资源的地区分布是不平衡的，到 2003 年年底中东地区已探明石油储量 995.8 亿吨，占全球总探明石油储量的 57.4%。主要集中在沙特阿拉伯、伊朗、科威特、伊拉克、阿曼、卡塔尔和叙利亚等国，这些国家的储量达849.3亿吨。该地区石油产量占世界总产量的30.4%。同时，世界石油地区消费量与石油资源拥有量存在着严重失衡现象，而石油资源在国家发展中具有特殊的战略意义，因此全球围绕油气资源的争夺一直非常激烈。如北美、西欧、亚太三个地区的石油探明储量不超过世界总量的22%，而其石油消费却占世界石油消费总量的近80%，于是世界最大的石油消费国美国有2/3的石油消费依赖进口，其中60%来自中东；欧盟70%的石油消费依赖进口，除了从中东进口石油外，欧盟借助非洲许多国家曾是英法殖民地的"优势"，在非洲石油开发中已领先一步。

由于石油已经成为各主要经济发达国家的重要战略能源之一，一旦价格出现大幅的上涨，就会给世界经济，特别是石油进口依赖国家的经济造成重要的影响，这种因石油价格变化而产生的经济危机被称作石油危机。目前，世界上控制石油价格的关键组织是1960年12月成立的石油输出国组织（OPEC），主要成员包括伊朗、伊拉克、科威特、沙特阿拉伯和南美洲的委内瑞拉等国。迄今被公认的三次石油危机，分别发生在1973年、1979年和1990年。

1973年10月，第四次中东战争爆发，为打击以色列及其支持者，石油输出国组织的阿拉伯成员国当年12月宣布收回石油标价权，并将其原油价格从每桶3.011美元提高到10.651美元，使油价猛然上涨了两倍多，从而触发了第二次世界大战之后最严重的全球经济危机。持续三年的石油危机对发达国家的经济造成了严重的冲击。在这场危机中，美国的工业生产下降了14%，日本的工业生产下降了20%以上，所有的工业化国家的经济增长都明显放慢。

第二次石油危机始于1978年底。当时，世界第二大石油出口国伊朗的政局发生剧烈变化，伊朗亲美的温和派国王巴列维下台，引发第二次石油危机。此

时又爆发了两伊战争，全球石油产量受到影响，从每天 580 万桶骤降到 100 万桶以下。随着产量的剧减，油价在 1979 年开始暴涨，从每桶 13 美元猛增至 1980 年的 34 美元。这种状态持续了半年多，此次危机成为 20 世纪 70 年代末西方经济全面衰退的一个主要原因。

1990 年 8 月初，伊拉克攻占科威特以后，伊拉克遭受国际经济制裁，使得伊拉克的原油供应中断，国际油价因而急升至每桶 42 美元的高价，触发第三次石油危机。美国、英国的经济加速衰退，全球 GDP 增长率在 1991 年跌破 2%。国际能源机构启动了紧急计划，每天将 250 万桶的储备原油投放市场，以沙特阿拉伯为首的石油输出国组织也迅速增加产量，很快稳定了世界石油价格。

1997 年亚洲金融危机突发，欧佩克由于错误地判断形势决定增产，导致油价暴跌。1998 年初，欧佩克油价跌破每桶 12 美元，当年年底国际油价再次跌破每桶 10 美元大关。

1993 年 3 月，欧佩克达成新的减产保价协议，国际油价开始回升。2000 年 3 月，油价回升至每桶 34 美元。2003 年伊拉克战争爆发，地缘因素再次左右能源市场，油价进一步攀升。2004 年以后，受需求旺盛、投机活跃、美元贬值以及地缘政治动荡等因素影响，油价涨势一发而不可收。2008 年 1 月 2 日，油价攀上每桶 100 美元高价。

享之不尽的财富——太阳能

太阳对于人类可以说是永恒的。据有关科学家预测，太阳会在50亿年后消失。50亿年，这对于我们来说已经是永恒的存在。并非太阳的生命线长是值得庆幸的，而是因为太阳对于人类就是一笔永不枯竭的财富，这难道不值得我们庆幸吗？

认识头顶上的太阳

现在人们普遍认为宇宙是在一次大爆炸中形成的，那么，太阳系也是在那个时期形成的吗？

如果真是这样，地球的年龄应该和宇宙、太阳的年龄是一样的，或者相差不大，但实际情况是，地球的年龄没有太阳大，太阳的年龄没有宇宙中的某些星体大。

通过核子宇宙年代学测定，太阳年龄大约为50亿年。

这说明宇宙并不是在一次大爆炸中同时生成的，很可能是分批、分次形成的，那么，是什么原因形成了太阳呢？

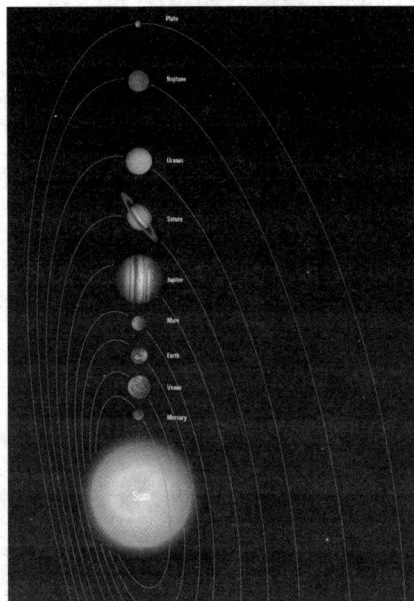

最初，太阳和太阳系仅仅只是由气体和尘埃构成的巨大星云，这些星云集中在一起，形成了类似球体的星云团，星云团迅速自转，在离心力的作用下形成圆盘。

圆盘中心的物质不断收缩，形成了太阳，圆盘外围的物质形成了其他小天体，包括行星和卫星，还有彗星和一些小行星。

太阳诞生之初只是一颗冰冷的天体，随着不断收缩压紧，它变得越来越热，最终内部温度达到了上百万摄氏度，这时它开始发光发热了。

太阳灼热的内核中不断地发生核聚变，

从而产生核能，这是它能在几十亿年时间里一直能够发光发热的原因。简单一句话，太阳的最后产生是由于很强烈的核反应，也就类似于一种大爆炸的反应。

不过，人类对太阳并不十分了解，因为太阳离地球太远了，它又太热了，人们很难得到它内部的更多信息，以上关于太阳形成的学说，也只是目前占据主流地位的现代星云说。关于太阳的奥秘，还有待我们进一步探索。

现在我们来认识一下太阳的结构。太阳内部结构可以分3层：太阳中心为热核反应区，核心之外是辐射层，辐射区之外为对流层。

太阳的中心部分称为日核，它的半径大约为0.25个太阳半径。日核虽然不算大，但太阳的大部分质量都集中在这里，而且太阳的光和热也都是从这里产生的，温度高达1500万℃。理论研究表明，这些光和热是在氢原子核聚变为氦的过程中释放出来的，因此，日核也叫做"核反应区"。太阳的主要成分是氢，为氢核聚变反应提供了足够的燃料。

日核外面的一层称为辐射区，日核产生的能量通过这一区域，以辐射的形式向外传出。这里的温度比太阳核心低得多，大约为70万℃。

辐射区外的一层称为对流层，太阳大气在这两层中间呈现剧烈的上下对流

状态，它的厚度大约 10 万千米。

太阳的外部结构就是太阳大气层，太阳大气层从里向外分为光球、色球和日冕。

对流层外是光球。光球就是我们平时所看见的明亮的太阳圆面，光球厚度约 500 千米。太阳光球的中间部分要比四周亮一些。这种现象的产生是由于我们看到的太阳圆面中间部分的光是从温度较高的太阳深处发射出来的，而圆面边缘部分的光则是由温度较低的太阳较浅的层次发出来的。

光球之外是非常美丽的红色的色球层。色球层的厚度大约 2000 千米，上面布满了大小不一、形态多变的头发状的结构，称为针状体。色球层的温度越往外面越高，最外层的温度高达 10 万℃。

平时我们看不到色球层，这是因为地球大气中的分子和尘埃散射了太阳光，使天空变成蓝色，色球层就淹没在蓝色背景之中了。日全食的时候，当太阳光球被月亮完全遮住的那一瞬间，美丽的色球层就能显露出来。

日冕是太阳大气最外面的一层，从色球层的边缘向外延伸出来，最远可以达到 5 个太阳半径。日冕的亮度只有光球的 1/100，平时根本看不见，只有在日全食的时候，日冕才会显露出它的"庐山真面目"。日冕的温度相当高，太阳光球的温度大约是 6000℃，越往外温度越高，到了色球和日冕交界的区域，温度达 10 万℃以上，日冕的温度达 100 万～200 万℃。在这么高的温度下，所有的物质都成为电离状态。日冕的温度虽高，但是它并不很热，因为日冕中所包含的气体太稀薄了，它的总热量是很低的。

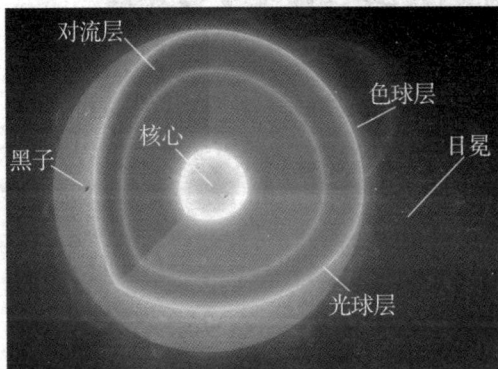

对流层 色球层 黑子 核心 日冕 光球层

当我们用专门观测太阳的望远镜观测太阳表面时，会发觉它一直处于剧烈的活动中。常见的太阳活动包括黑子、耀斑、日珥和太阳风。

在光球的表面，常常会出现一些黑色的斑点，这是光球表面上翻腾着的热气卷起的旋涡，人们管它叫"黑子"。这些黑子大小不一，小的直径也有数百米到 1 千米，大的直径有 10 万千米以上，里面可以装上几十个地球。

黑子有的是单个的，但一般情况都是成群结队出现的。黑子其实并不黑，它的温度高达 5000℃，也是很亮的，只是在比它更亮的光球表面的衬托下，才显得暗。在太阳光球表面上，还可以看到无数颗像米粒大小的亮点，叫做"米粒组织"。它们是光球深处的一个个气团，被加热后膨胀上升到表面形成的。它们很像沸腾着的稀粥表面不断冒出来的气泡。这些"米粒"的直径平均在 1200 千米左右，相当于中国青海省那么大。

天文学家根据近 300 年来的记载，发现太阳黑子活动有 11 年的周期。因此，他们把这 11 年的周期称为太阳活动周。另外，太阳活动还有 22 年、80 多年、170 年左右和 360 年等周期。当几种周期同时达到最高峰的时候，黑子相对数就特别高，对地球的影响也特别大。

黑子是光球层活动的重要标志。中国古代有世界上最早的黑子纪事。据不完全统计，中国古代史书中有 100 多次太阳黑子记载。其中在《汉书·五行志》中载有：汉成帝河平元年，"三月己未，日出黄，有黑气，大如钱，居日中央"。这是指公元前 28 年 5 月 10 日见到的大黑子群。我们祖先用不足 20 个汉字记载了黑子出现的年、月、日和时刻，天气状况、黑子的形态和在日面上的位置，真是非常珍贵的科学史料。

太阳上最剧烈的活动现象是耀斑，它们通常都出现在黑子附近。当黑子出现得多时，耀斑出现也更频繁。耀斑产生于太阳光球上面的一层大气层里面，即色球层。色球层的厚度约为 2500 千米，所以，耀斑又称色球爆发，或者太阳爆发。

在日面上增亮的面积超过 3 亿平方千米的叫耀斑，小于 3 亿平方千米

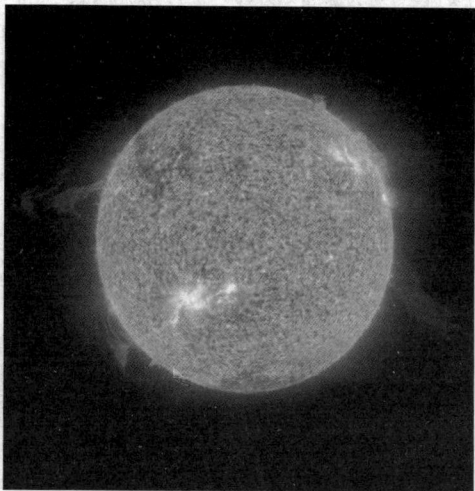

的叫亚耀斑。我们整个地球的表面积为 5.1 亿平方千米。你可以想象到耀斑的区域和它释放的能量有多大了。有人作了一个概括性的说明：一个耀斑从产生到消失，它释放的总能量约相当于 100 亿个百万吨级氢弹爆炸的能量。

在强磁场的作用下，耀斑可以在几百秒内积聚起极大的能量。这些能量以电磁波以及高能带电粒子流的形式向外辐射。尤其是紫外线和 X 线的强度，远远超过可见光的强度，并且高能粒子流的速度可达光速的 1/2。

日珥是太阳表面喷出的炽热气流，可喷到宇宙间几万千米远。看上去就像巨大的拱门，它们可以持续几小时，有的甚至可以持续几天。

日珥的形态是多姿多彩的。有的如色球外的浮云，有的像喷泉，有的似环形拱桥。有的日珥可以高几万到几十万千米。它们的底部在色球，而活动已深入日冕广阔的空间。日珥的精细结构十分复杂，主要由气流组成。日珥出现的次数和抛射的高度都与太阳活动的 11 年周期有密切关系。一般来说，一次日珥活动要经历几小时到几十天。根据日珥的形态和运动特征，把日珥分成 3 种类型：爆发日珥、宁静日珥和不规则日珥。最为壮观剧烈的是爆发日珥。它的物质以几百千米/秒的速度向外抛射。

太阳风指的是从太阳大气最外层的日冕向空间持续抛射出来的物质粒子流。

太阳风的得名还和彗星有关。当人们通过先进的观测手段发现彗星离太阳越近，彗发就越明显，彗尾就越长，而彗尾的方向总是背对着太阳的时候，人

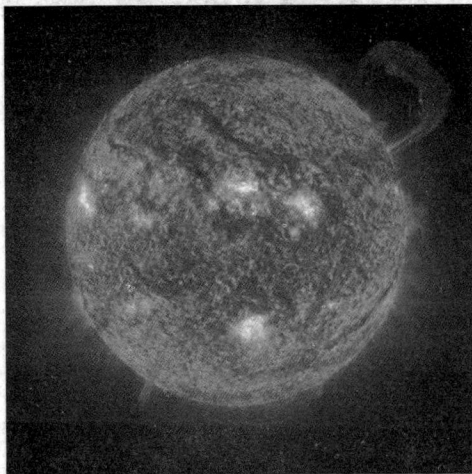

们就开始猜测，也许太阳会放射出一种类似于风的东西，对彗星产生影响。此后的 1958 年，美国人造卫星上的粒子探测器，探测到了太阳上有微粒流从日冕的冕洞中发出，因此美国科学家帕克将其形象地命名为"太阳风"。

太阳风虽然猛烈，却不会吹袭到地球上来，这是因为地球有着自己的"保护伞"——地球磁场，地球磁场把

太阳风阻挡在地球之外。然而百密一疏，仍然会有少数"漏网分子"闯进来，尽管它们仅是一小撮，但还是会给地球带来一系列破坏。它会干扰地球的磁场，使地球磁场的强度发生明显的变动；它还会影响地球的高层大气，破坏地球电离层的结构，使其丧失反射无线电波的能力，造成无线电通信中断；它还会影响大气臭氧层的化学变化，并逐层往下传递，直到地球表面，使地球的气候发生反常的变化，甚至还会进一步影响到地壳，引起火山爆发和地震。例如，1959 年 7 月 15 日，人们观测到太阳突然喷发出一股巨大的火焰（它就是太阳风的风源）。几天后，7 月 21 日，也就是这股猛烈的太阳风吹袭到地球近空时，竟使地球的自转周期突然减慢了 0.85 毫秒，而这一天全球也发生多起地震。与此同时，地球磁场也发生被称为"磁暴"的激烈扰动，环球通信突然中断，一些靠指南针和无线电导航的飞机、船只一下子变成了"瞎子"和"聋子"。

太阳能的综合计算

太阳一年发出的能量，相当于现在整个地球上人类所使用的总能量的 6×10^5 亿倍。这些能量的绝大部分都辐射到太阳系的宇宙空间了。其中约有 22 亿分之一辐射到地球上，相当于现在地球上所使用的总能量的 3 万倍。

辐射到地球上的太阳光线是由七色（红、橙、黄、绿、青、蓝、紫），即七种波长的光波组成的，其中能量密度最大的波长是 0.55 微米的绿色光线区域。植物叶绿素的颜色和太阳光的绿色是一致的。因此，植物为了尽量捕捉太阳能加以利用，捕捉 0.55 微米附近的能量当然是很重要的。

由于地球距离太阳很远，约有 1.5 亿千米，而地球在太空中只是一颗小小的星球，所以它只接受了太阳 22 亿分之一的光和热。同时更为重要的是，地球

的最外层被一层厚厚的大气包裹着，大气层阻碍太阳能的辐射。因此，辐射到地球上的太阳能的分布是很不均匀的。

（1）在到达地球表面之前，被大气和云雾反射回去的太阳能约为30%，这些能量以原来的短波形式返回宇宙空间。此外，被大气和云雾吸收的太阳能约为20%结果，在到达地球表面之前，被大气和云雾反射和吸收的太阳能为全部（即22亿分之一）的51%。

（2）在到达地球表面上的49%的太阳能中，又有2%从地面直接反射而返回宇宙空间。剩下的47%左右都辐射到地面上了。现在人们利用专门的仪器——化光表，可以测量太阳光给地面带来的热量。当阳光严格垂直照射并且在地球四周没有大气的条件下，这个测量的结果是：在1平方厘米的地面上，每分钟可以获得2卡（8焦耳多）的热量。经过多年的测量，这个数据始终没有显著的改变，因此，"2卡"被称为"太阳常数"。

然而，到达地球表面的阳光和热量，是经常因大气层的变化而变化的。例

如，晴天、阴天，地面上接收到的太阳能是不一样的。此外，地球上纬度不同的地方所受的日光照射也有所不同。在赤道附近所得到的热量多些，而在两极附近则较少。造成这种差异的原因：一是地球公转时地轴是倾斜的，而不垂直于轨道平面；二是地球是个圆球。由于这两个原因，太阳光并不是以相同的角度射到地面的各个区域，因而强度不免有大小的区别。同一数量的光线所射到的面积越小，其热量就越集中，强度也就越大；反之，强度则越小。

赤道地区所获得的太阳辐射比其他地方都多，在这里1平方米的面积上，每分钟所获得的阳光热量可煮开1杯水，1公顷土地上所获得的平均阳光热量，则足以发动一部消耗功率近 10×10 瓦的机器。地球表面积约5.1亿平方千米，这样，我们便不难计算出太阳每年辐射到地球表面的能量。这个能量相当于 1×10^7 亿吨标准煤的能量，这个数字比目前全世界一年生产的总能量还要大1.8万倍。

我们常常用"万物生长靠太阳"来颂扬太阳的光和热，这是因为地球上的绝大部分能源最终来源于太阳热核反应释放的巨大能量。另外，还有地球形成

过程中储存下来的能量也都来源于太阳的辐射。

"太阳是地球的母亲"，这是西方诗人赞颂太阳的诗句。世界各地的人们总把最美好的东西比做太阳，因为太阳是光明的象征，而这光明就是能量的源泉。光芒万丈的太阳慷慨无私地向空间散发着无尽的光和热。人们歌颂"万物生长靠太阳"，就是因为生长所需的能源都来自太阳。无论是人类还是动植物，都离不开太阳的光和热。

太阳能在地球上究竟发挥着什么作用呢？总的来说表现如下：

（1）辐射到地球表面上的太阳能约有47%以热的形式被地面和海洋所吸收，使地面和海水变暖。

（2）海水、河川、湖沼等的水分蒸发，以及降雨、降雪有关的太阳能约为23%。这些能量的一部分作为河川的水利，用于水力发电等。

（3）能引起风和波浪有关的太阳能约为0.2%。太阳能的辐射能为其他可再生能（如风力、地热、海洋能、生物质能等地球可得到的洁净的能源）提供了极为丰富的资源。

（4）大家知道，植物是利用太阳能、水和二氧化碳进行光合作用而生长的。不过植物利用的太阳能是极少的，只有0.02%~0.03%。现在我们所使用的石油和煤炭等常规能源，可以说是经过几亿年之久的光合作用而积蓄起来的太阳能。

（5）太阳对于地球来说，除了给予光和热，还向地球发射X线、电波和太阳风等离子体状的粒子。而且由于上述太阳的光斑、日珥和黑子等的活动，使包围地球的上层大气经常受到影响。

目前，对于太阳照射到地球陆地的能量，按照现有的技术水平，仅仅可开发利用其中的不到千分之一。不过，伴随科学技术的迅速发展，现代太阳能应用技术已被赋予全新的内涵，应用领域已涉及工业、农业、建筑、航空航天等诸多行业和部门，已经发展成为种类繁多、兴旺发达的"名门望族"。例如，用于公共建筑的大规模采暖、制冷、空调等太阳能设施，用于海水淡化的太阳能蒸馏装置，用于宇宙飞船、航天飞机、汽车、自行车的太阳能能源，用于育秧、干燥、杀虫等太阳能器具，用于取暖、保温的太阳能灶和太阳能温房等，都是太阳能技术的应用。

总而言之，太阳能是一种取之不尽，用之不竭，不会造成任何污染的清洁能源和可再生能源。

太阳能的使用历史

周代，中国先民即能利用凹面镜的聚光焦点向日取火，这是中国和世界上对太阳能的最早利用。《周礼·秋官司寇》说："司炬氏掌以夫燧取明火于日。"《淮南子·天文训》说："故阳燧见日，则燃而为火。"《论衡》："验日阳燧，火从天来。""燧"即阳燧。《古今注》说："阳燧，以铜为之，形如镜，照物则影倒，向日则火生。"阳燧就是我们古代的太阳灶。

古代阳燧取火的具体方法有两种说法：一说是用金属制成的尖底杯，放在日光下，使光线聚在杯底尖处，杯底置艾绒之类，遇光即能燃火；另一说是用铜制的凹面镜向着日光取火。

天津市艺术博物馆今收藏着一件汉代阳燧，它直径8.3厘米，厚0.3厘米，用青铜铸造而成，很像一面小铜镜。这件阳燧有一个非常光滑的凹球面，可以将太阳射来的光线反射聚成一个焦点。

据考证，早在公元前770至前221年间，我们的祖先就知道用凹面镜取火。对凹面镜成像原理的分析，在战国时期《墨经》中就已经相当详尽了。有关凹面镜，北宋的沈括在《梦溪笔谈》中写道："阳燧面室向日照之，皆聚向内，离镜一二寸，光聚为一点，大如麻菽。着物则火发。此则腰鼓最细处也。"前面部分论述光线在凹面镜上的聚光作用，中间是对焦点的描述，最后指出聚焦可

以取火。

太阳能在医疗方面也有应用。《黄帝内经》和《本草纲目》记载着我们祖先公元前 3—5 世纪就掌握的日光疗法。

真正将太阳能作为"未来能源结构的基础",则是近几十年来的事。20 世纪 70 年代以来,太阳能科技突飞猛进,太阳能利用日新月异。

近代太阳能利用历史可以从 1615 年法国工程师所罗门·德·考克斯在世界上发明第一台太阳能驱动的发动机算起。该发明是一台利用太阳能加热空气,使其膨胀做功而抽水的机器。在 1615—1900 年,世界上又研制成多台太阳能动力装置和一些其他太阳能装置。这些动力装置几乎全部采用聚光方式呈现采集阳光,发动机功率不大,工质为水蒸气,价格昂贵,实用价值不大,大部分为太阳能爱好者个人研究制造。

这里需要向大家解释一下太阳能转换过程中提到的工质,它是指实现热能与机械能转换过程中所用的工作介质。工质一般是流体,尤其是气体或水蒸气,因为气态物质有良好的流动性和压缩性,便于吸收、输运、释放或转换能量。水和水蒸气容易获得,成本低廉,并具有无腐蚀性、比热容和汽化潜热较大等优良性能,所以是最常用的工质。

20 世纪的 100 年间,太阳能科技发展历史大体可分为 7 个阶段。

第一阶段（1900—1920 年）

在这一阶段,世界上太阳能研究的重点仍是太阳能动力装置,但采用的聚光方式多样化,且开始采用平板集热器和低沸点工质,装置逐渐扩大,实用目的比较明确,造价仍然很高。建造的典型装置有 1901 年,在美国加州建成一台太阳能抽水装置,采用截头圆锥聚光器,功率为 7.36 千瓦;1902—1908 年,在美国建造了 5 套双循环太阳能发动机,采用平板集热器和低沸点工质;1913 年,在埃及开罗以南建成一台由 5 个抛物槽镜组成的太阳能水泵。

第二阶段 （1920—1945年）

在这20多年中，太阳能研究工作处于低潮，参加研究工作的人数和研究项目大为减少，其原因与矿物燃料的大量开发利用和发生第二次世界大战有关，而太阳能又不能解决当时对能源的急需，因此太阳能研究工作逐渐受到冷落。

第三阶段 （1945—1965年）

在第二次世界大战结束后的20年中，一些有远见的人士已经注意到石油和天然气资源正在迅速减少，呼吁人们重视这一问题，从而逐渐推动了太阳能研究工作的恢复和开展，再次兴起太阳能研究热潮。

在这一阶段里比较突出的有1952年，法国国家研究中心在比利牛斯山东部建成一座功率为50千瓦的太阳炉；1960年，在美国佛罗里达建成世界上第一套用平板集热器供热的氨—水吸收式空调系统，制冷能力为5冷吨；1961年，一台带有石英窗的斯特林发动机问世。在这一阶段里，加强了太阳能基础理论和基础材料的研究，取得了如太阳选择性涂层和硅太阳能电池等技术上的重大突破。平板集热器有了很大的发展，技术上逐渐成熟。太阳能吸收式空调的研究取得进展，建成一批实验性太阳房。对难度较大的斯特林发动机和塔式太阳能热发电技术进行了初步研究。

第四阶段 （1965—1973年）

这一阶段，太阳能的研究工作停滞不前，主要原因是太阳能利用技术处于成长阶段，尚不成熟，并且投资大，效果不理想，难以与常规能源竞争，因而得不到公众、企业和政府的重视和支持。

第五阶段（1973—1980年）

自从石油在世界能源结构中担当主角之后，石油就成了左右经济和决定一个国家生死存亡、发展和衰退的关键因素，1973年10月爆发中东战争，石油输出国组织采取石油减产、提价等办法，支持中东人民的斗争，维护本国的利益。结果使那些依靠从中东地区大量进口廉价石油的国家，在经济上遭到沉重打击。西方一些人惊呼：世界发生了"能源危机"。

这次"危机"使人们认识到：现有的能源结构必须彻底改变，应加速向未来能源结构过渡。许多国家重新加强了对太阳能及其他可再生能源技术发展的支持，在世界上再次兴起了开发利用太阳能的热潮。

1973年，美国制定了政府级阳光发电计划，太阳能研究经费大幅度增长，并且成立太阳能开发银行，促进太阳能产品的商业化。

日本在1974年公布了政府制定的"阳光计划"，其中太阳能的研究开发项目有太阳房、工业太阳能系统、太阳热发电、太阳能电池生产系统、分散型和大型光伏发电系统等。为实施这一计划，日本政府投入了大量人力、物力和财力。

20世纪70年代初世界上出现的开发利用太阳能热潮，对中国也产生了巨大影响。一些有远见的科技人员，纷纷投身太阳能事业，积极向政府有关部门提建议，出书办刊，介绍国际上太阳能利用动态；在农村推广应用太阳灶，在城市研制开发太阳能热水器，空间用的太阳能电池开始在地面应用。1975年，在河南安阳召开"全国第一次太阳能利用工作经验交流大会"，进一步推动了中国太阳能事业的发展。这次会议之后，太阳能研究和推广工作被纳入了中国政府计划，获得了专项经费和物资支持。一些大学和科研院所纷纷设立太阳能课题组和研究室，有的地方开始筹建太阳能研究所。当时，中国也兴起了开发利用太阳能的热潮。

这一时期，太阳能开发利用工作处于前所未有的大发展时期，具有以下特点：

各国加强了太阳能研究工作的计划性，不少国家制定了近期和远期阳光计划。开发利用太阳能成为政府行为，支持力度大大加强。国际间的合作十分活跃，一些第三世界国家开始积极参与太阳能开发利用工作。

研究领域不断扩大，研究工作日益深入，取得较大的成果。如 CPC、真空集热管、非晶硅太阳能电池、光解水制氢、太阳能热发电等。

各国制定的太阳能发展计划，普遍存在要求过高、过急问题，对实施过程中的困难估计不足，希望在较短的时间内取代矿物能源，实现大规模利用太阳能。例如，美国曾计划在 1985 年建造一座小型太阳能示范卫星电站，1995 年建成一座 500 万千瓦的空间太阳能电站。事实上，这一计划后来进行了调整，至今空间太阳能电站还未升空。

太阳能热水器、太阳能电池等产品开始实现商业化，太阳能产业初步建立，但规模较小，经济效益尚不理想。

第六阶段 (1980—1992 年)

20 世纪 70 年代兴起的开发利用太阳能热潮，进入 80 年代后不久开始落潮，逐渐进入低谷。世界上许多国家相继大幅度削减太阳能研究经费，其中美国最为突出。导致这种现象的主要原因是：世界石油价格大幅度回落，而太阳能产品价格居高不下，缺乏竞争力；太阳能技术没有重大突破，提高效率和降低成本的目标没有实现，以致动摇了一些人开发利用太阳能的信心；核电发展较快，对太阳能的发展起到了一定的抑制作用。

受 20 世纪 80 年代国际上太阳能低落的影响，中国太阳能研究工作也受到

一定程度的削弱，有人甚至提出：太阳能利用投资大、效果差、储能难、占地广，认为太阳能是未来能源，主张外国研究成功后中国引进技术。虽然，持这种观点的人是少数，但十分有害，对中国太阳能事业的发展造成了不良影响。这一阶段，虽然太阳能开发研究经费大幅度削减，但研究工作并未中断，有的项目还进展较大，而且促使人们认真地去审视以往的计划和制订的目标，调整研究工作重点，争取以较少的投入取得较大的成果。

第七阶段（1992 年至今）

由于大量燃烧矿物能源，造成了全球性的环境污染和生态破坏，对人类的生存和发展构成威胁。在这样的背景下，1992 年联合国在巴西召开"世界环境与发展大会"，会议通过了《里约热内卢环境与发展宣言》《21 世纪议程》和《联合国气候变化框架公约》等一系列重要文件，把环境与发展纳入统一的框架，确立了可持续发展的模式。

这次会议之后，世界各国加强了清洁能源技术的开发，将利用太阳能与环境保护结合在一起，使太阳能利用工作走出低谷，逐渐得到加强。世界环境与发展大会之后，中国政府对环境与发展十分重视，提出 10 条对策和措施，明确要"因地制宜地开发和推广太阳能、风能、地热能、潮汐能、生物质能等清洁能源"，制定了《中国 21 世纪议程》，进一步明确了太阳能重点发展项目。

1992 年以后，世界太阳能利用又进入一个发展期，其特点是：太阳能利用与世界可持续发展和环境保护紧密结合，全球共同行动，为实现世界太阳能发展战略而努力；太阳能发展目标明确，重点突出，措施得力，有利于克服以往忽冷忽热、过热过急的弊端，保证太阳能事业的长期发展。

通过以上回顾可知，在 20 世纪 100 年间太阳能发展道路并不平坦，一般每次高潮期后都会出现低潮期，处于低潮的时间大约有 45 年。

太阳能利用的发展历程与煤、石油、核能完全不同，人们对其认识差别大，反复多，发展时间长。一方面说明太阳能开发难度大，短时间内很难实现大规模利用；另一方面也说明太阳能利用还受矿物能源供应、政治和战争等因素的影响，发展道路比较曲折。尽管如此，从总体来看，20世纪取得的太阳能科技进步仍比以往任何一个世纪都大。

太阳能的综合利用

人类对太阳能的利用有着悠久的历史。中国早在两千多年前的战国时期，就知道利用钢制四面镜聚焦太阳光来点火；利用太阳能来干燥农副产品。发展到现代，太阳能的利用已日益广泛，它包括太阳能的光热利用、太阳能的光电利用和太阳能的光化学利用等。太阳能的利用有光化学反应、被动式利用（光热转换）和光电转换三种方式。太阳能发电是一种新兴的可再生能源利用方式。

我们如何利用好太阳能呢？现在，人们利用太阳能的方法主要是利用能量转化的原理把太阳能转化成我们所需要的能量，方法主要有如下4个方面。

1. 光热利用

就是将太阳光转换成热能加以利用。目前低温利用主要有太阳能热水器、太阳能干燥器、太阳能蒸馏器、太阳房、太阳能温室、太阳能空调制冷系统等，中温利用主要有太阳灶、太阳能热发电聚光集热装置等，高温利用主要有高温太阳炉等。

2. 太阳能发电

未来太阳能将大规模地用于发电。

利用太阳能发电的，目前主要有以下两种：

（1）光－热－电转换。即利用太阳光所产生的热能发电。一般是用太阳能集热器将所吸收的热能转换为蒸气，然后由蒸气驱动汽轮机带动发电机发电。前一过程为光－热转换，后一过程为热－电转换。

（2）光－电转换。它的基本原理是利用光电效应将太阳光能直接转换为电能，它的基本装置是太阳能电池。

3. 光化利用

这是一种利用太阳辐射能直接分解水，制造氢气的光化学转换方式。这种方法常用做海水淡化。

4. 光生物利用

利用植物的光合作用，将太阳能转换成为生物质能。目前主要通过大量种植速生植物（如薪炭林）、油料作物和巨型海藻，来把太阳能转化为生物能。

怎样把太阳能存起来

太阳能是极好的可再生能源，如何储存从阳光中获取的能量，是太阳能产业发展过程中一直面临的问题。对于太阳能储存，人们大致使用以下几种方法。

直接储存

中国东北地区有一种暖墙，用土坯、砖或混凝土砌成，墙里面中空，墙的下面是火炉。在寒冷的冬天，点燃火炉，火炉的烟经过暖墙排到室外，暖墙被加热之后，热量储存在暖墙里，十几个小时之后才会冷却。这样白天烧火炉，解决了夜间取暖问题。北方地区的火炕，也起到储存热量的作用。同样道理，可以利用蓄热材料来实现太阳能的直接储存。太阳能的直接储存分为短期储存和长期储存两类。短期储存可以把太阳能储存几个小时或者几天，长期储存可以把太阳能储存几个月。例如太阳房的砂石，就可以起到短期储存太阳能的作用，白天吸收太阳辐射能量，用于夜间使用。

太阳池对太阳能的储存就属于长期储存。太阳池是盐水池，太阳光照射到池的底部，池底部的高浓度盐水吸收太阳光的热量之后，因为含盐的水密度大，不会和上面的水发生对流，这样高温的水始终保存在水池的底部。另外，水池上部的清水像一层厚厚的玻璃，把水池底部的长波辐射阻挡回去，使水池的热量不会流失。这样，太阳池就可以长期储存太阳能了。

在实际应用中，水、沙、石子、土壤等都可作为储能材料，但储能有限。其中水的比热容最大，应用较多，但在使用中要解决过冷和分层问题。

太阳能中温储存温度一般在100℃以上500℃以下，通常在300℃左右，适宜于中温储存的材料有高压热水、有机流体、共晶盐等。太阳能高温储存温度一般在500℃以上，目前正在试验的材料有金属钠、熔融盐等。1000℃以上极高温储存，可以采用氧化铝和氧化锆耐火球。

转化为电能储存

比直接储存更为先进的办法就是把太阳能转变为其他的能，再加以储存，这是目前比较常见的做法。比如利用太阳能发电，把发出的电输入蓄电池进行储存。电能储存比热能储存困难，常用的是蓄电池，正在研究开发的是超导储能。世界上铅酸蓄电池的发明已有100多年的历史，它利用化学能和电能的可逆转换实现充电和放电。铅酸蓄电池价格较低，但使用寿命短，重量大，需要经常维护。

现有的蓄电池储能密度较低，难以满足大容量、长时间储存电能的要求。新近开发的蓄电池有银锌电池、钾电池、钠硫电池等。某些金属或合金在极低

温度下成为超导体,理论上电能可以在一个超导无电阻的线圈内储存无限长的时间。这种超导储能不经过任何其他能量转换直接储存电能,效率高,启动迅速,可以安装在任何地点,尤其是消费中心附近,不产生任何污染,但目前超导储能在技术上尚不成熟,需要继续研究开发。

此外,也可以利用太阳能提水储能,白天利用太阳能把水从低处提到高处的蓄水池中,夜里从蓄水池放水,利用水的落差进行发电,就实现太阳能储存了。

转化为化学能储存

利用化学反应物吸收太阳热能,然后再通过化学反应放出热能,不失为一种好办法。这种储能方式有不少优点,比如储热量大,体积小,重量轻,化学反应物可以分离储存,需要时才发生放热反应,储存时间长等。化学储能的要求比较严格,真正能用于储热的化学反应必须满足以下条件:反应可逆性好,无副反应;反应迅速;反应物易分离且能稳定储存;反应物价格较低;等等。对于化学反应储存热能尚需要进行深入研究,一时难以实用。

转化为氢能储存

储存太阳能除了以上办法之外,把太阳能转化为氢能储存也是一个好办法。氢能是一种高品位能源。太阳能可以通过分解水或其他途径转换成氢能,氢可以大量、长时间储存。它能以气相、液相、固相(氢化物)或化合物(如氨、甲醇等)形式储存。气相储存储氢量少时,可以采用常压湿式气柜、高压容器储存;大量储存时,可以储存在地下储仓、不漏水土层覆盖的含水层、盐穴和人工洞穴内。液相储存具有较高的单位体积储氢量,但蒸发损失大。将氢气转化为液氢需要进行氢的纯化和压缩,正氢—仲氢转化,最后进行液化。固相储氢是利用金属氢化物固相储氢,储氢密度高,安全性好。目前,基本能满足固相储氢要求的材料主要是稀土系合金和钛系合金。金属氢化物储氢技术研究已有 30 余年历史，取得了不少成果，但仍有许多课题有待研究解决。中国对金属氢化物储氢技术进行了多年研究，取得一些成果，目前正在深入研究开发。

转化为机械能储存

太阳能转化为热能，推动热机压缩空气，能够储存太阳能。飞轮储能是机械能储存中最受关注的。利用高速旋转的飞轮储能的设想最早出现在 20 世纪 50 年代，但一直没有突破性进展。近年来，由于高强度碳纤维和玻璃纤维的问世，以及电磁悬浮、超导磁悬浮技术的发展，使飞轮转速大大提高，增加了单位质量的动能储存量。

塑 晶 储 存

塑晶：学名为新戊二醇（NPG），它和液晶相似，有晶体的三维周期性，但力学性质像塑料。

塑晶储热：塑晶能在恒定的温度下储热和放热，但不是依靠固—液相变储热，而是通过塑晶分子构型发生固—固相变储热。

塑晶在 44℃时，白天吸收太阳能而储存热能，晚上则放出白天储存的热能。如果将塑晶熔化到玻璃和有机纤维玻璃墙板中可用于储热，将调整配比后的塑晶加入玻璃纤维制成的墙板中能制冷降温。

太阳能—生物能转换

光合作用是植物、藻类和某些细菌利用叶绿素，在可见光的照射下，将二氧化碳和水转化为有机物，并释放出氧气的生化过程。通过植物叶片的光合作用，太阳能把二氧化碳和水合成有机物，并释放氧气。光合作用是地球上最大

规模转换太阳能的过程。我们现在在大量应用的石油、煤炭都是远古光合作用固定的太阳能。虽然光合作用对太阳能转换率很低，但是可以通过利用荒山荒地种植能源作物来间接扩大对太阳能的转换。

把太阳能储存起来的电池

在第二次世界大战结束后，一些科学家注意到：由于石油和天然气资源的大量开发使用，使这些能源在逐年减少。他们呼吁人们重视这一问题，从而逐渐推动了太阳能研究工作的开展，并且成立太阳能学术组织，举办学术交流和展览会，兴起了太阳能研究热潮。这一阶段太阳能研究工作取得一些重大进展：1954 年，美国贝尔实验室研制成功实用型硅太阳能电池，为光伏发电大规模应用奠定了基础；1955 年，在第一届国际太阳热科学会议上，以色列泰伯等提出选择性涂层的基础理论，并研制成实用的黑镍等选择性涂层，为高效集热器的发展创造了条件。发展到今天，太阳能光电技术历经半个多世纪。世界太阳能电池组件的年产量达200兆瓦以上，已投入应用的各式各样太阳能光电系统的累计容量已超过 1100兆瓦。

太阳能电池是太阳能光发电技术通过转换装置把太阳辐射能转换成电能。光电转换装置通常是利用半导体器件的光伏效应原理进行光电转换的，因此又称太阳能光伏技术。

太阳能的直接利用，最有效的办法是用太阳能发电。1876 年英国有两位科学家发现，硒元素这种半导体经太阳晒后，竟能像伏打电池（伏打电池就是水的电解，是历史上第一个提供稳定连续电流的电源装置）一样产生电流，"光伏效应"由此而得名。只是硒元素产生的光伏效应很弱，光电转换率（即将光能转化为电能的比率）很低，只有1%。1954 年美国贝尔实验室的科学家们用半导体材料硅，制造出了光电转换率可以达到 10% 的光电池。到 1958 年美国第一颗人造地球卫星上天时，就采用了太阳能电池做电源。

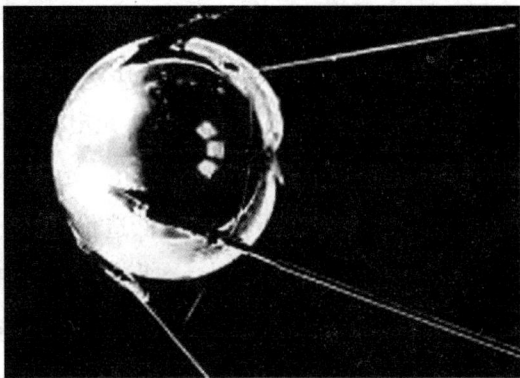

我们大家都知道电流是由电荷的定向流动形成的。而光子具有能量，如果使光子的能量推动电荷流动便能产生电流。这就需要用一种特殊的材料——半导体。有一种 N 型半导体，它的原子结构经太阳光照射能产生多余的电子；另一种 P 型半导体，它的原子结构经太阳光照射可产生多余的"空穴"（缺少电子的结点）。把两种半导体结合在一起，就形成了一个 P–N 结。当光子打在半导体上的时候，在 P–N 结中所产生的电子和"空穴"受到内部电场的影响，电子被驱往负极，"空穴"被驱往正极。如果把两极连接起来，就产生了电流。

制造太阳能电池的常用材料是硅。硅是地壳中最丰富的元素之一。不过制造太阳能电池的硅材料纯度要求很高，需要用硅的单晶体来制作。制作过程是先"拉"出硅的单晶体（P 型半导体），然后把单晶棒切成薄片，厚度为 0.3～0.5 毫米，经过抛光和清洗，获得一个平整光亮的表面。然后，采用高温扩散的方法，掺进 N 型半导体，在表面不到 0.5 微米处形成一个 P–N 结。最后在两面引出电极，就成了一个硅太阳能电池。

硅太阳能电池的面积一般只有几平方厘米到几十平方厘米。在实际使用的时候，往往是很多小电池串联、并联起来，以获得较高的电压和较大的电流，我们称它为"太阳能电池板"。很多"太阳能电池板"又可以连接成"太阳能电池方阵"，成为太阳能光电站。

硅太阳能电池在制作技术上已基本过关，现在尚未大规模投产使用的主要原因是生产成本太高。为推动太阳能电池产业化生产，科技人员从两方面着手，

一是提高太阳能电池的光电转换率，二是降低太阳能电池的造价。

科学家们经过多年的努力，在提高光电转换率方面，单晶硅太阳能电池的效率可提高到 24%。当今世界上光电转换率最高的当属砷化镓多节太阳能电池，它在聚光 265 倍的阳光条件下，光电转换率高达 35%。

为了提高光电转换率和降低造价，太阳能电池的种类将越来越多。例如，为了降低太阳能电池的成本，未来将以"薄膜"技术为基础。在薄膜技术中，光伏活性材料是沉积在作为支持的基层上的。这不仅大大减少了最终产品中的半导体量，而且便于大批量商业化生产。由于要求的半导体厚度只有 1 微米，所以几乎使用任何半导体做电池都是很廉价的。除了单晶硅太阳能电池、多晶硅太阳能电池外，还有非晶硅太阳能电池、多元化合物太阳能电池和聚光太阳能电池等。

非晶硅太阳能电池是 1976 年就已出现的新型薄膜式太阳能电池，与单晶硅和多晶硅太阳能电池的制作方法完全不同，硅材料消耗很少，电耗更低，非常吸引人。多元化合物太阳能电池指的是不用单一元素半导体材料制成的太阳能电池。现在各国研究的品种繁多，虽然大多数尚未工业化生产，但预示着光电转换技术的满园春色。多元化合物太阳能电池的品种主要有硫化镉太阳能电池、砷化镓太阳能电池、铜铟硒太阳能电池等多种。

聚光太阳能电池是降低太阳能电池成本的一种措施。它通过聚光器而把较大面积的阳光会聚在一个较小的范围内，形成"焦斑"或"焦带"。将太阳能电池置于这种"焦斑"或"焦带"上，以增加光强度，克服太阳能密度低的缺陷，从而获得更多的电能。

中国于 2004 年在天津投巨资修建双结非晶硅太阳能电池产业化项目，并建成了年产 5 兆瓦柔性衬底非晶硅薄膜太阳能电池示范生产线。非晶硅薄膜太阳能电池初步实现产业化生产。

太阳能采暖的建筑

太阳房是利用太阳能采暖和降温的房屋建筑。在寒冷地区居住，例如在中国的华北和东北地区居住，当室内的温度降到 16℃ 以下时，人就会感到不舒服；降到 10℃ 以下时，就会手脚不灵活。因此，北方建筑采暖是房屋建造中不可缺少的工程。而在热带地区居住，例如在中国海南，甚至重庆、武汉、南京居住，当室内的温度上升到30℃ 以上时，人会感到不舒服；当温度上升到人体温度以上时，就会使人昏昏欲睡，无法工作。因此，降温成了主要问题。

目前，采暖和降温仍以常规能源为主，但从发展来看，利用太阳能采暖和降温，则是主要发展方向。

房屋利用太阳能采暖已有悠久的历史了。人们把房屋的南向都装有透明的玻璃窗，这就是最简单的太阳能采暖应用。但玻璃窗的散热大，因此，这一简单采暖方式效果不太理想。太阳能采暖可同建筑相结合，虽然建筑成本比较高，但从总体考虑，经济上仍是比较划算的。

在人们的生活能耗中，用于采暖和降温的能源占有相当大的比重。特别对于气候寒冷和炎热的地区，采暖和降温的能耗是相当大的。不过，这种能耗随人们物质生活水平的高低而有多有

少。根据一些发达国家的统计，家庭能耗中采暖约占 60%，生活热水和空调约占 20%。发展中国家的家庭能耗普遍较低，但采暖的比重并不少。例如，中国的华北地区，冬季采暖在家庭总能耗中占 40% 以上，江北地区冬季采暖所耗的能源就更高了。

目前，随着各国、各地区人民生活水平的提高，南方也开始冬季采暖，夏季大量使用电扇，使用空调设备的也日益增多。这样，不仅引起了能耗比重的变化，也使人们注意通过房屋结构的改变，积极开发太阳能用以采暖和降温。

太阳房既可采暖，又能降温，所以研究、开发者愈来愈多。目前，最简便的一种太阳房叫被动式太阳房，建筑容易，不需要安装特殊的动力设备。把房屋建造得尽量利用太阳的直接辐射能，依靠建筑结构造成的吸热、隔热、保温、通风等特性，来达到冬暖夏凉的目的。另一种太阳房，叫主动式太阳房，这就比较复杂一些，是一种更高级的太阳房。还有一种高级太阳房，则为空调制冷式太阳房。

1. 主动式太阳房

主动式形成太阳房由于需用设备较多，电源也是不可缺少的，因此造价较高。但是室内温度可以主动控制，使用也很方便。目前一些经济发达的国家，已建造各种类型的主动式太阳房。例如，日本于 1956 年建造的柳町太阳房，已运行 40 多年了。这是一幢私人住宅，建筑面积 223 平方米，集热器为铝制管板型，采暖或降温用的集热器面积为 98 平方米，热水用的集热器 33 平方米，装有两个储箱的热泵系统。供热时，集热器收集太阳热，通过循环液传送到低温容器，经热泵升温可达到 42℃，并用管道输送到高温储箱。降温时，热泵用高温储箱中的水作降温介质，而把冷却了的水储存于低温储箱。热泵功率 2.2 千瓦，蓄热器容量高温为 10 立方米，低温为 4 立方米。日本兴建

较多的一种太阳房为矢崎式。矢崎式太阳房，采用具有选择性表面的平板集热器，并配有水—溴化锂吸收式制冷器，建筑面积 143 平方米，采用不锈钢管板式集热器，集热面积 104 平方米，蓄热器容量 6000 升，辅助热源为液化石油气。

北京大兴区建造的一座主动式太阳房是同德国合作的成果，建筑面积 314 平方米，采用平板式集热器，并以天窗直接和特朗勃墙相结合，实为主动—被动混合型太阳房，辅助能源采用特制小型燃煤炉。

2. 被动式太阳房

这种太阳房不需要专门的集热器、热交换器、水泵、电源等部件，只是依靠建筑方向的合理布置，通过窗、墙、屋顶等建筑物的构造和材料的热工性能，以自然交换的方式（辐射、对流、传导），来达到房屋冬暖夏凉的目的。换句话说，被动式太阳房就是根据当地的气候条件，在基本不添置附加设备的情况下，只是在建筑构造和材料性能上下工夫，使房屋达到一定采暖效果。因此，被动式太阳房的构造比较简单，造价比较便宜。例如，有的地方只是将房屋南向的一道实墙外面涂成黑色，外面再用一层或两层玻璃加以覆盖，将墙设计成集热器同时又是储热器。室内冷空气由墙体下部入口进入集热器，被加热后又由上部出口进入室内进行采暖。

当没有太阳能的时候，可将墙体上、下通道关闭，室内只靠墙体壁温以辐射和对流形式不断地加热室内空气，保持室温。

太阳能热水器

太阳能热水器把光能转化为热能，将水从低温加热到高温，以满足人们在生活、生产中的热水使用。

家用太阳能热水器的用水方式分为落水式和顶水式。落水使用方式不受自来水供水影响，其缺点是使用过程中水温先低后高，掌握不好的话容易造成突然缺水的尴尬。顶水方式则是水温先高后低，容易掌握，使用者容易适应，但是要求自来水保持供水能力。在自来水有保证的情况下，推荐使用顶水方式。家用太阳能热水器设计成顶水方式时，必须对水箱内部结构进行合理设计，以保证出水均匀，避免形成水路"短路"或死角。使用管路最好设计成可以转换成落水式的连接方式，在自来水压力不足或停水时应急用。

真空管太阳能热水器

现在人们最常用的就是全玻璃真空管热水器。让我们来仔细了解一下这种热水器吧，它是由全玻璃真空集热管、储水箱、支架及相关附件组成，把太阳能转换成热能主要依靠玻璃真空集热管。集热管受阳光照射面温度高，集热管背阳面温度低，而管内水便产生温差反应，利用热水上浮冷水下沉的原理，使水产生微循环而提供所需热水。

全玻璃真空管太阳能热水器将吸收的太阳辐射转换成热能。由于太阳能辐射不稳定，为了在阴雨天、夜间能够正常提供热水，需要配置储热桶储存热能，稳定供应负载热能。储热桶一般依外形长宽比分为卧式与立式两种。

真空管太阳能热水器具有以下特点：

（1）温度稳定。这种热水器的温度稳定性较好，只要水箱中有热水，就不会出现先热后冷的现象。但是使用起来也有不方便之处，它要手动上水，而且不能保证时时有热水。

（2）节约费用。除了阴雨天以外，太阳能热水器使用不需要其他费用。在阴雨天气，则要使用辅助电加热装置，这时就必须支付电费。其实在阴雨天，太阳能热水器也一直在工作，只是产生的热水温度达不到用户的需要而已。但是，其水箱中的水是温的，比普通的自来水温度高，因此，就算是阴雨天使用，它也比普通电热水器省钱。

（3）使用安全。因为不使用电能或者燃气，用户就没有触电或者中毒的危险，所以太阳能热水器的安全性非常高。只是用户在使用辅助电源加热装置洗澡时，不要忘记使用漏电保护插座。

（4）使用寿命长。因为它的材料是高硼硅玻璃，而内外涂层在真空的环境里不受氧化，在不受外力的情况下寿命超过 20 年。

（5）环境适应性强。散热小，保温效果好，抗冻能力强，适合在冬天气温为 0～20℃ 的地区使用；真空管对台风的阻力小，抗台风能力强；真空管是圆形的，受外来冲击力小，抗冰雹能力强。

（6）真空管太阳能管的热效率达 93%，系统热效率可达 46%。有的真空管太阳能技术系统热效率可达 75%，以致可以直接生产开水。

由于真空玻璃管是圆形的，具有对太阳光源自然跟踪的特点，再加上反光板的反射原理，使玻璃管四面受光面面俱到，集热时间更长，水温更高，即使高寒地区一年四季也可正常运行。尽管如此，全玻璃真空管太阳能热水器也存在一些缺点，比如全玻璃真空集热管口部与联集箱内胆用密封圈直接连接，致

使真空集热管耐冷热冲击性能较差，如果真空集热管破碎一支，会导致严重漏水。此外，真空管内的高温水易结水垢，影响性能。

第一个真空管太阳能集热器诞生在 20 世纪 70 年代，它是由若干支真空集热管组装构成的。最常用的全玻璃真空管是由大管套小管组成，小管装水，通过化学处理，小管外面形成一层物质，吸收阳光的辐射，大小管中间抽成真空，就像我们平常用的保温瓶，不易散热，避免热损耗，管内的水受热上下运动，夏天太阳光强烈时，真空管内的水就会冒热气。每根真空管都是独立的动力单元，它们相互结合就会产生很大的热量。

为了增加太阳光的采集量，有的在真空集热管的背部还加装反光板。这种热水器适合宾馆、学校、医院、工厂、机关、部队、养殖业等用热水，适合家庭、别墅生活用热水，也适合寒冷地区用热水。真空管太阳能热水器在中国占95%以上。

平板型太阳能热水器

平板型太阳能热水器是与真空管太阳能热水器完全不同的一种太阳能利用装置。平板型太阳能热水器的外形就像一块块规则的长方形平板，平铺在屋顶上。

平板型太阳能热水器需将平板集热板和储热水箱通过三角支架和管路连接成一个系统，储热水箱的安装位置必须高于平板集热板。太阳光透过平板热水器面上的玻璃照在平板集热板上，导致平板集热板内的水被加热，温度升高，因为在冷水和热水之间存在密度上的差别，平板集热板内的热水自动上升到处

于高位的储水箱内。与此同时，储水箱内的冷水也会自动向下流入处于低位的平板集热器内。就这样，在太阳光照射下，甲板集热器内的水和储水箱内的水不断循环，储水箱内的水逐渐被加热。

平板型太阳能热水器的主要特点是：散热快，保温效果差，无抗冻能力；对台风的阻力大，抗台风能力差；玻璃平面受外来冲击力大，抗冰雹能力差。平板式太阳能集热器的热效率比真空管太阳能热水器要低。

由于涂层材料在阳光的照射和空气中的氧气的氧化下，在3~5年内就开始老化，变成浅白色。集热器的铜管容易在水的作用下产生铜绿，在水的冲刷下变薄，特别是焊接口，在几年后就容易穿孔，一般在5~8年后就经常会出现漏水问题。

平板型太阳能热水器是通过水自然循环的方式使储水箱内的水加热的。我们平时经常看见的平板太阳能热水工程，是由多个平板集热器与一个大水箱组成的。如大水箱高于平板集热器，仍可组成一个较大型的自然循环平板太阳能热水系统；也可以将大水箱放置在低处，通过水泵与平板集热器强制循环，组成强制循环平板太阳能热水系统。自然循环方式生产热水比较慢，多数平板太阳能热水工程都采取强制循环方式。平板型太阳能热水器的吸热板与储热水箱是分开的，这是平板型太阳能热水器和闷晒型太阳能热水器的显著区别。很显然，平板型太阳能热水器的使用效果主要取决于平板集热器的性能。

目前市场上的平板集热器按集热板的材料可分为铝板芯平板集热器、铜铝复合板芯平板集热器和全铜板芯平板集热器。

根据2003年国外市场销售份额数据显示：平板太阳能热水器占94.88%，真空管太阳能热水器占2.46%。经分析，国外应用平板太阳能热水器为主有多种原因。

（1）平板太阳能热水器具有耐压、寿命长、易组成二次回路系统等独有特点。国外尤其是发达国家，太阳能热水器基本上都是双回路承压型分体结构。真空管太阳能热水器若制成承压分体结构产品后，其成本将高于平板型产品。相对而言，平板太阳能热水器在国外更受用户欢迎。

（2）平板太阳能热水器易与建筑结合，易安装在屋顶上，建筑师在设计时也比较容易将它融于建筑之中，实现与建筑一体化。

（3）平板太阳能热水器产品材料的可再生利用率高。平板太阳能集热器材料以铜、铝或复合材料为主，回收利用率高。

（4）平板太阳能热水器的产品热性能好。平板太阳能集热器在国外的研发已有多年，其产品的热性能已接近真空管太阳能集热器。

（5）平板太阳能热水器的系统安全可靠，有效采光面积大。国外平板太阳能集热器适合大型工程的热水和采暖需求，因此安全可靠是一个非常必要的条件。除此之外，在接受同等太阳能条件下，平板太阳能集热器占地面积小，而真空管太阳能集热器的管与管之间有空隙，占地面积大。

目前在中国，真空管太阳能热水器占据着主要的市场份额，而平板太阳能热水器的市场份额却处在相对较低的水平。

让太阳帮人类做饭

太阳灶是利用太阳能辐射，通过聚光获取热量，进行炊事烹饪食物的一种装置。它不烧任何燃料，没有任何污染，正常使用时比蜂窝煤炉还要快，和煤气灶速度一致。

太阳灶已是较成熟的产品，人类利用太阳灶已有200多年的历史，特别是近二三十年来，世界各国都先后研制生产了各种不同类型的太阳灶。尤其是发展中国家，太阳灶受到了广大用户的好评，并得到了较好的推广和应用。

太阳灶基本上可分为箱式太阳灶、平板式太阳灶、聚光太阳灶和室内太阳灶、储能太阳灶，前三种太阳灶均在阳光下进行炊事操作。

箱式太阳灶

箱式太阳灶根据黑色物体吸收太阳辐射较好的原理研制而成。它是一只典型的箱子，朝阳面是一层或两层平板玻璃盖板，安装在一个托盖条上，其目的是为了让太阳辐射尽可能多地进入箱内，并尽量减少向箱外环境的辐射和对流散热。箱里面放了一个挂条来放锅及食物。箱内表面喷刷黑色涂料，以提高吸收太阳辐射的能力。箱的四周和底部采用隔热保温层。箱的外表面材料可用金属或非金属，主要是为了抗老化和形状美观。整个箱子包括盖板与灶体之间用橡胶或密封胶堵严缝隙。使用时，盖板朝阳，温度可以达到100℃以上，能够满足蒸、煮食物的要求。这种太阳灶结构极为简单，可以手工制作，且不需要跟踪装置，能够吸收太阳的直射和散射能量，故产品价格十分低。但由于箱内温度较低，不能满足所有的炊事要求，推广应用受到很大限制。

平板式太阳灶

把平板集热器和箱式太阳灶的箱体结合起来，就形成平板式太阳灶。

平板集热器可以应用全玻璃真空管，它们均可以达到100℃以上，产生蒸气或高温液体，将热量传入箱内进行烹调。普通平板集热器如果性能很好也可以应用。例如盖板黑的涂料采用高质量选择性涂料，其集热温度也可以达到100℃以上。这种类型的太阳灶只能用于蒸煮或烧开水，大量推广应用也受到很大限制。

聚光式太阳灶

聚光式太阳灶是将较大面积的阳光聚焦到锅底，使温度升到较高的程度，以满足炊事要求。这种太阳灶的关键部件是聚光镜，不仅有镜面材料的选择，还有几何形状的设计。最普通的反光镜为镀银或镀铝玻璃镜，也有铝抛光镜面和涤纶薄膜镀铝材料等。

聚光式太阳灶的镜面设计，大都采用旋转抛物面的聚光原理。在数学上，抛物线绕主轴旋转一周所得的面，即称为"旋转抛物面"。若有一束平行光沿主轴射向这个抛物面，遇到抛物面的反光，则光线都会集中反射到定点的位置，于是形成聚光，叫聚焦作用。作为太阳灶使用，要求在锅底形成一个焦面，才能达到加热的目的。换言之，它并不要求严格地将阳光聚集到一个点上，而是要求一定的焦面。确定了焦面之后，我们就不难研究聚光器的聚光比，它是决定聚光式太阳灶的功率和效率的重要因素。根据中国推广太阳灶的经验，设计一个功率为 700～1200 瓦的聚光式太阳灶，通常采光面积为 1.5～2.0 平方米。个别大型蒸气太阳灶也是聚光式太阳灶，但其采光面积较大，有的要在 5 平方米以上。

旋转抛物面聚光镜是按照阳光从主轴线方向射入，所以往往在通过焦点上的锅具时会留下一个阴影，这就要减少阳光的反射，直接影响太阳灶的功率。目前，中国大部分太阳灶的设计均采用了偏轴聚焦原理。

聚光式太阳灶的镜面，有的用玻璃整体热弯成型，也有的用普通玻璃镜片碎块粘贴在设计好的底板上，或者用高反光率的镀铝涤纶薄膜裱糊在底板上。底板可用水泥制成，或用铁皮、钙塑材料等加工成型，也可直接用铝板抛光并涂以防氧化剂制成反光镜。聚光式太阳灶的架体用金属管材弯制，锅架高度应适中，要便于操作，镜面仰角可灵活调节。为了移动方便，也可在架底安装两个小轮，但必须保证灶体的稳定性。在有风的地方，太阳灶要能抗风不倒。可在锅底部位加装防风罩，以免锅底因受风的影响而功率下降。有的太阳灶装有自动跟踪太阳的跟踪器，但是一般认为这只会增加整灶的造价。中国农村推广的一些聚光式太阳灶，大部分为水泥壳体加玻璃镜面，造价低，便于就地制作，但不利于工业化生产和运输。

室内太阳灶

前面介绍的三种太阳灶都必须在室外进行炊事操作，环境恶劣，也不卫生，为此又研制生产出室内太阳灶。这种太阳灶的主要特点是采用传热介质（液体），把室外聚集接收到的太阳辐射能传递到室内，然后供人们烹调食物使用。考虑到室内操作的稳定性，应增加蓄热装置。

储能太阳灶

储能太阳灶是利用光学原理使阳光通过聚焦达到 800～1000℃ 的高温后，再利用导光镜或光纤使高温光束导向灶头直接利用或将能量储存起来。这种全新的太阳灶不仅可以做饭、烧水、烘烤、储能，而且还可以作为阳光源导向室内作照明用或作花卉、盆景的光照用。

利用太阳能淡化海水

目前，太阳能蒸馏器多用在海水淡化方面。我们知道，地球总的水量虽然不少，但其中97.3%都是苦咸的海水，在剩下2.17%的淡水中，有2%为冰，分布在两极的冰雪地带和其他冰山上，只有0.17%的淡

水分布在江、河、湖泊中，供人们饮用及农作物灌溉使用，这是远远不够的。另外，随着世界人口的增加，特别是工业用水的增加，使许多城市用水日渐紧张。因此，海水淡化越来越受到人们重视。

世界上最早的太阳能蒸馏器，是1872年瑞典工程师为智利设计并制造成功的。集热面积为4450平方米，日产淡水17.7吨，可供应一个村庄的用水。这座太阳能蒸馏器沿用了38年，1910年停止运行。

第二次世界大战期间，美国制造了许多军用海水淡化急救装置，供飞行员和船员使用。这实际上是一种简易的太阳能蒸馏容器。到20世纪60年代，美国在佛罗里达的戴托纳海滩，建立了供大规模太阳能蒸馏研制工作用的特殊实验站。

1977年，中国在海南岛上建成一座面积为385平方米的太阳能海水蒸馏试验装置，日产淡水1吨左右。1979年又在西沙群岛的中建岛安装了一座50平方米的小型太阳能蒸馏器，日产淡水0.2吨。1982年在舟山群岛的嵊泗岛再建成一座128平方米的顶棚式太阳能海水淡化装置，日产淡水300千克。

太阳能蒸馏器有两种：一种是"顶棚式"（或热箱式），这是比较简便的一种；另一种是聚光式。

顶棚式是以水泥浅池为基础。上面盖以玻璃顶棚，顶棚分单斜坡和双斜坡。它的工作原理比较简单：太阳光透过玻璃顶棚照射到涂成黑色的水泥池底，光线经黑体吸收，变为热能传递给水。由于池子四周密封，实为一个热箱，水温逐渐升高，使水不断蒸发。从结构上来看，它有点像浅池式太阳能热水器。但蒸馏器的水层要求更浅，以便水分大量蒸发。同时，盖面玻璃是斜坡式，当上升的水蒸气遇到较凉的玻璃顶棚时，立即冷凝成水珠，受重力影响水珠下移，汇聚成较大水珠，逐渐流入玻璃板下沿的集水槽，于是得到淡水。这种淡水实际上是蒸馏水，如果要饮用，还应矿化处理。

聚光或蒸馏器是利用聚光器获得高温，而把咸的海水烧成蒸气，然后经过冷凝成为淡水。这种装置是强化蒸馏，效率虽然较高，但装置造价较贵，所以不被人们青睐。

太阳能活用于军事领域

太阳能能否作为武器呢？答案是肯定的，无论是古代还是近代，大家都在大胆地假设用太阳能做武器。

相传在公元前 213 年，罗马舰队进攻西西里岛城市叙拉古的时候，伟大的古希腊科学家阿基米德曾经利用太阳能击溃了来犯的敌人。阿基米德当时是西西里国王赫农的军事顾问，他使用巨大的镜子反射阳光，将罗马人的船只烧成了灰烬。这个故事流传甚广，为这位杰出的科学家增添了不少传奇色彩。

但历史学家和科学家们认为，在 2000 多年前的古希腊，人们并不了解光学和镜子的知识，阿基米德也没有留下关于光学方面的研究理论和著作，而且当时的镜子主要由青铜磨成，反光效果较差，不太可能在瞬间聚焦产生几千摄氏度的高温，况且当时罗马人的船队是在海上航行之中，叙拉古士兵的镜子与战船隔着较远的距离，如何对移动的战船做出准确的聚焦也是一个很大的难题。因此千百年来人们一直对这个传说持怀疑态度。

进入现代，人们依然在寻找阿基米德用太阳能击退敌人的有力支持。1973年，希腊科学家伊奥安尼斯·萨卡斯决定通过试验来确定到底能否利用反射和聚焦的太阳光烧毁船只，他让 60 名水手排队站在码头上，每人拿着一面大镜子，组成一面巨大的凹透镜形状，在太阳正盛的时候把光线反射到 150 英尺（约合 45.72 米）开外的一只小船上，结果不到 3 分钟，船只就着火了。

不过，2005 年 10 月，美国麻省理工学院及亚利桑那大学的研究人员再次对这个故事进行了验证，其结论是：它多半只是个传说。

这两所大学的研究人员在旧金山海滨进行了相关实验。首先尝试的是麻省

理工学院的小组。他们组装了一面 300 平方米的巨型镜子，材质是青铜和玻璃。他们把一艘旧渔船放在离镜子 45 米的水上，试图用镜子反射阳光去点燃它，他们没成功，于是又把渔船移近了一半的距离。这一次，聚焦的阳光使船只着火了。

两所大学的实验只能表明阿基米德的故事从技术上说是可能的，但却不能解答它是否是真实的历史。有人认为实验已经说明了阿基米德的故事并不可靠："要是这样做能行的话，那它简直相当于古代的核武器。"

"太阳能武器"属新概念武器，其种类还包括动能武器、定向能武器、次声武器、地球物理武器、气象武器、基因武器等。

据称，美、俄科学家们还正在研制一种"太阳能武器"。"太阳能武器"能在一瞬间制造出几千摄氏度的高温，强烈的高温光线能从太空穿过厚厚的云层抵达地球表面，其温度足以融化和烧毁地球上的任何敌对目标。"太阳能武器"不像中子弹，中子弹只会杀死建筑中的所有生物，而建筑却仍然完好无损地保存在那里。"太阳能武器"的致命弱点是阴雨天无法使用，不过这个难题在今天显然已经不成问题，因为科学家可以将"太阳镜"送到太空之中。也许它的唯一缺点就是杀伤力实在太大了，就像氢弹爆炸一样，被它击中的地区将会立刻变成一片大面积的焦土。

虽然威力强大的"太阳能武器"还处于构想与研制中，但太阳能在军事上的运用将是广泛的，尤其在太阳能电池技术日益成熟的情况下。比如以色列国防军为部队配备了一种充电式太阳能电池板，以保证队员外出执行任务时，不会陷入随身装置断电的困境。这种太阳能电池板重 1.5 千克，日照充足时充电时间只需 2 ~ 3 小时，最大可提供 30 瓦电力。该太阳能电池板配有专门的插座，可为不同设备的电池充电。以军负责该项目的西蒙中校表示，战争期间，如外出执行任务的士兵因电池用完而与指挥中心失去联系，后果将不堪设想。为部队配备太阳能充电装置的目的之一，就是要增强部队的灵活性，使其在电池用完又没有发电机的情况下，仍能利用太阳能为电池充电。

2006 年 8 月，英国皇家空军的"西风"号太阳能无人机试飞成功。"西风"

号采用全球定位系统导航，最大飞行高度可以达到40千米，它依靠太阳能电池提供动力，可持续飞行3个月之久，对目标实施长时间的高密度监控，这是普通侦察机和侦察卫星都无法实现的。

"西风"号无人机在18千米高度飞行时，能拍摄高清晰度的侦察照片，分辨率可以达到25厘米，与美国侦察卫星相当。而从生产成本来看，一颗侦察卫星高达1500万英镑，而一架"西风"号仅100万英镑，更何况卫星的发射成本更是远远高于无人机。基于这些原因，人们开始展望太阳能无人侦察机的时代。

在2007年进行的一次试飞中，"西风"号飞行了54小时，打破了无人驾驶机飞行时间的世界纪录。美国国防部由此看中了这种太阳能、高空、长航时的无人机，希望把它应用到军事上去，具体来说，打算部署到阿富汗与伊拉克的战场中。美国国防部对"西风"号无人机的兴趣主要在于该机型的远距离信号情报能力，它不仅能从1.8万米的高空侦察拍摄地面目标，也可使特种兵通过它在偏远地区传递无线电信号。

使用太阳能的交通工具

太阳能汽车

汽车用的燃料是汽油和柴油等，它们都是从石油中提炼出来的。然而，石油这种矿物燃料是不可再生的，用一点就少一点，总有一天会用完，那时人类将面临着能源的挑战。

从另一方面来说，石油本身就是一种宝贵的化工原料，可以用来制造塑料、

合成橡胶和合成纤维等。把石油作为燃料烧掉了，不但十分可惜，而且还污染了人类赖以生存的环境。解决这个难题的唯一可行办法，就是加紧开发新能源，而太阳能就是这些新开发能源中的佼佼者。

将太阳光变成电能，从而驱动汽车，是利用太阳能的一条重要途径。人们早在20世纪50年代就制成了第一个光电池。将光电池装在汽车上，用它将太阳光不断地变成电能，使汽车开动起来。在太阳能汽车上装有密密麻麻像蜂窝一样的装置，它就是太阳能电池板。太阳能电池依据所用半导体材料的不同，通常分为硅电池、硫化镉电池、砷化镓电池等，其中最常用的是硅太阳能电池。

通常，硅太阳能电池能把10%～15%的太阳能转变成电能。它使用方便，经久耐用，又很干净，不污染环境，是比较理想的一种电源，只是光电转换的比率小了一些。近年来，美国已研制成光电转换率达35%的高性能太阳能电池。澳大利亚用激光技术制成的太阳能电池，其光电转换率达24.2%，而且成本与柴油发电相当。这些都为光电池在汽车上的应用开辟了广阔的前景。

早期的太阳能汽车是在墨西哥制成的。这种汽车，外形像一辆三轮摩托车，在车顶上架有一个装太阳能电池的大棚。在阳光照射下，太阳能电池供给汽车电能，使汽车的速度达到40千米/小时，由于这辆汽车每天所获得的电能只能行走40分钟，所以它还不能跑远路。

现在世界上很多国家都在研制太阳能汽车，并进行交流和比赛。1987年11月，在澳大利亚举行了一次世界太阳能汽车拉力大赛。有7个国家的25辆太阳能汽车参加了比赛。赛程全长3200千米，几乎纵贯整个澳大利亚国土。

在这次大赛中，美国"圣雷易莎"号太阳能赛车以 44 小时 54 分钟的成绩跑完全程，夺得了冠军。

"圣雷易莎"号太阳能赛车，虽然使用的是普通的硅太阳能电池，但它的设计独特新颖，采用了像飞机一样的外形，可以利用行驶时机翼产生的升力来抵消车身的重量，而且安装了最新研制成功的超导磁性材料制成的电机，因此使这辆赛车在大赛中创造了时速 100 千米的最高纪录。

2003 年澳大利亚太阳能汽车比赛上，由荷兰制造的"Nuna Ⅱ"太阳能汽车取得了冠军，它以 30 小时 54 分钟的时间跑完了 3010 千米的路程，创造了太阳能汽车最高时速 170 千米的新世界纪录。

2008 年，瑞士冒险家路易斯·帕尔默驾驶一辆太阳能汽车，不用一滴油而完成绕地球行驶 35.2 万千米的壮举。帕尔默是一名老师，他请了假，花了 17 个月用瑞士科学家帮助研制的全太阳能汽车走遍 38 个国家。这辆双座汽车的电池充满电，可以以 90 千米/小时跑完 300 千米的路程。帕尔默说："不使用燃料的太阳能汽车环球旅行，这在历史上还是头一次。因为故障，我浪费了两天时间。"

这辆由铝和玻璃纤维制作的汽车依然是个原型。它的特点是轻巧、高效，由拖车运载的太阳能电池提供动力。它有塑料车窗，有 3 个车轮，而不是传统汽车的 4 个。它很像一辆赛车，可乘坐两个人，而且空间并不狭窄，还配有无线电装置。它符合瑞士的所有安全标准，有前灯、刹车、护目镜和符合标准的其他安全配置。在开始世界旅行前，36 岁的帕尔默用 1 年时间开着它前往瑞士卢塞恩的学校上下班。

尽管人们对太阳能汽车寄予了很大希望，但由于种种原因，太阳能汽车在现实世界获得成功的路还很长。但这并不能阻止环保爱好者和汽车业内一些最富创意的人进行新的尝试。

德国普福尔茨海姆大学的一名毕业生设计的"宝马乐简"概念车采用了全新的造型，突破了传统的设计思路。这款汽车浑身布满了鳞片，看起来像一头怪异的"铁甲豪猪"。这些鳞片其实是太阳能电池板，总共有 260 片，通过铰链

固定在车身上，能最大限度地收集太阳能。当车辆处于静止时，所有电池板还可在微电脑的控制下，随着太阳的移动方向转动。连车轮上也同样设计了独立的太阳能电池板。当它在行驶时，部分太阳能电池板会紧贴车身，便于司机看清道路四周的情况。

奔驰公司开发的FD太阳能汽车不太像普通轿车，而是有些像行驶在陆地上的帆船。这款汽车由安装在4个车轮上的电动发动机提供推动力，电池则利用安装在车身上的太阳能电池板获取能量。为了更多地获得太阳能，设计人员设计了一个伸向天空的大帆板。

这些新奇的创意反映出人们对太阳能汽车的极大兴趣，在油价越来越贵的今天，人们是多么希望太阳能汽车能真正行驶在马路上啊！

太阳能汽车不仅节省能源，消除了燃料废气的污染，而且即使在高速行驶时噪声也很小。太阳能汽车必将在今后得到迅速的发展。

中国研究太阳能汽车已经有几十年的历史。1984年9月，中国推出了首辆自行研制的太阳能汽车——"太阳"号，之后又相继出现了各种外形奇特的实验室概念汽车，既有高校制造的，也有民间爱好者出品。随着技术的进步，近年来国内外出现了一些外形类似普通汽车的太阳能汽车，但是由于性能、成本、政策等方面的原因，太阳能汽车到今天依然没有实现产业化。

2008年10月，国内首批头顶太阳能电板的太阳能汽车亮相，这种车完全靠太阳供电，无需耗油，且售价为3.8万元。这是全国第一批由企业批量生产的太阳能汽车，当时已经生产了10多辆。

现在国际上利用太阳能转化为电能，转化率一般都不会超过20%，这批太阳能汽车的太阳能转化率能达到14%～17%。如果是阴天，太阳能汽车在广场上至少要停上3个白天，也就是30个小时左右，才能把车子的电给充满，然后方可连续跑150千米，亦即晒1小时能跑5千米。

这辆太阳能汽车最高时速可达70千米，并且可以真正运用到生产当中去，而国内之前推出过的类似车型都只是概念车。这批太阳能汽车每两年需要更换1次电瓶，因为中国目前的电瓶使用寿命只有两年。

目前，阻止太阳能汽车前进步伐的主要因素有两个：①太阳能电池板的造价依然太高。②太阳能电池板的能效还较低。我们相信，如果这两个问题能够得到解决，太阳能汽车就能够普及，未来的城市将更洁净、更美好。

太阳能飞机

太阳能飞机是指以阳光、太阳能以及太阳可能存在的其他能量来作为动力和任务设备能源的飞行器。以太阳能作为未来航空航天器的辅助能源乃至主能源，是人类具有方向性和前沿性的重要研究目标。

20 世纪中期以来，太阳能飞行器研究已经成为世界航空航天业重点发展的新兴领域。其原因主要有如下两个方面：

（1）人们需要向地球以外的空间寻求持久能源和洁净能源，以缓解越来越严重的能源困境和保护地球环境。

（2）社会发展使得人类对飞行器的航高、续航力等要求越来越高，而喷气式发动机飞行器无法在空气稀薄的高空运动，航高受到限制；飞机爬升到高空也因需要耗费大量燃料而限制了续航力。太阳能飞行器能在低密度空气环境中飞行，理论上飞得越高则采光集能效益越好，因此，相对于常规飞行器来说，太阳能飞行器在航时与航高方面具有明显优势，这种优势使太阳能飞行器有可能用来替代低轨道卫星的部分功能，造福人类。

目前太阳能飞机还没有进入实际应用阶段，但人们对太阳能飞机有极大的热情，一些国家投入巨资进行了研究开发，并取得了重大进展，下面就为大家介绍太阳能飞机发展史上的两个里程碑。

1. "太阳神"号无人机

20 世纪 70 年代，随着成本合理的太阳能电池的出现，人们开始考虑让太阳能飞机真正飞上天空。最著名的太阳能飞机是美国太空总署资助研制的"太阳神"号无人机。

"太阳神"号耗资约 1500 万美元，用碳纤维合成物制造，部分起落架材料为越野自行车车轮，整架飞机仅重 590 千克，比小型汽车还要轻。"太阳神"在外形方面的最大特点就是有两个很宽的机翼，其机身长 2.4 米，而活动机翼全面伸展时却达 71 米，连波音 747 飞机也望尘莫及。

"太阳神"号机身上装有 14 个螺旋桨，动力来源于机翼上的太阳能电池板。在早晨阳光不是很强烈时，"太阳神"装备的太阳能电池可以为飞机提供 10 千瓦的电能，使飞机能够以每秒 33 米的速度爬高。中午时分，电池提供的电能达到 40 千瓦，飞机的动力性能达到最佳状态，能以每小时 30~50 千米的巡航速度飞行。晚上，飞机则依靠储存的电能进行巡航飞行。

2001 年研究人员将"太阳神"号运往夏威夷，装上 65 000 片太阳能板，由地面两名机师透过遥控设备"驾驶"；在 10 小时 17 分钟的飞行中，"太阳神"号达到 22 800 米的目标高度。研究人员预计"太阳神"号最高可飞到 30 千米高空，超出喷气式客机飞行高度 3 倍多。

太阳神号经过试飞改进一旦获得全面成功，将有广阔的发展前途和应用前景。

（1）它可成为局部地区的低成本的电信中转平台。因它能在同一位置以缓慢的速度盘桓数月，且可随时降落加以维修，故可向信号覆盖地区提供电信和电视服务，作为该地区的通信卫星使用。

（2）它可用做局部地区的观测卫星。它既可观测视线及地区的气象变化和自然灾害，又能监视相应地区的渔业、森林等资源的开发情况，甚至能估计农作物的产量和预报其收割时间，是局部地区的理想的空中观测台。

（3）它可用做军事侦察工具。它的 14 个螺旋桨转动起来响声很小，每个消耗的能量同 1 个标准的吹风机差不多，加之飞行高度很高，是喷气飞机飞行高度的 2~3 倍，雷达不易发现，又可长时间地盘旋于军事要害地区上空，故能作为无人侦察飞机使用。

不幸的是，2003 年 6 月 26 日，"太阳神"号在试飞时突然空中解体，坠入夏威夷考艾岛附近海域。事后经调查，"太阳神"号在空中飞行 36 分钟时突然遭遇强湍流，引起两个翼端向上弯，致使整个机翼诱发严重的俯仰振荡，超出飞机结构的扭曲极限。

2. "太阳驱动"计划

2003 年，瑞士探险家伯特兰·皮卡德计划不使用普通燃料而驾驶太阳能飞机进行连续环球飞行，取名为"太阳驱动"计划，又称"太阳脉动"计划。该计划并没有瑞士或者欧盟的任何官方组织的资助，而是由来自欧盟的许多金融大亨私人资助的。项目启动时已经得到近 1 亿美元的私人资助。

这一项目是一个重大的技术挑战——太阳能电池必须在白天储存足够的能量，以保障夜间的正常飞行。飞机配备两部螺旋桨发动机，飞行时速 70 千米，高度可达 20 千米，白天飞行时采集的太阳能还要为蓄电池充电，以维持夜间飞行。在此前，尚无人尝试过驾驶太阳能飞机昼夜连续飞行。

项目启动 6 年后，2009 年 6 月 26 日，这一天在瑞士第一大城市苏黎世郊区的杜本多夫军用机场举行了一个盛大典礼。在典礼上，世界上第一架可实现不间断环球航行的太阳能飞机揭开了神秘面纱，航空器大家庭迎来了一位不用一滴燃料、无污染、零排放的环保新成员。

停放在机库中的一架造型奇特的飞机出现在人们眼前，来自全球的 800 多位嘉宾以及 200 多位媒体记者共同见证了这一时刻。这架名为 HB-SIA 的飞机看上去像一只巨大的黄蜂，楔型的机身长约 22 米，高 6 米，机身的前部是驾驶舱，可供两人乘坐。与狭小的驾驶舱形成鲜明反差的是飞机的双翼，长达 63 米

的翼展与"空中客车 A340"相当。机翼的背面密密麻麻分布着 1.2 万块太阳能电池板，它们为飞机的 4 个功率为 10 马力（约合 7.35 千瓦）的引擎提供动力，同时为机上安装的 400 千克重的锂电池充电以供夜间飞行。

飞机主要由碳纤维材料制成，整体重量仅为 1600 千克，相当于一辆家用中型汽车。整架飞机看上去轻灵单薄，颇似航空模型，却是集高科技成果于一身的航空器家族的革命性新成员。它无需燃料，但可以在 8000 米的高空以平均 70 千米的时速飞行。

对于太阳能飞机的问世，瑞士联邦委员兼环境交通部长莫里茨·洛伊恩贝格尔在典礼上讲话时说："有人不相信人类可以通过自己的行动促成某些改变，但我认为，如果我们拥有足够强烈的意愿，就能够实现。以前人们不相信人类可以发明飞机，但事实证明，人类的生活需要飞机，最终它成为了现实。目前许多人认为，太阳能只能在小范围内满足部分人对绿色生态的向往，不能解决未来更重要的现实问题。而今太阳能飞机的问世使我们在哥本哈根关于气候变化的会议上有勇气去寻求解决问题的方法，在这场危机中对世界进行持续性改造。"

这不是第一架采用太阳能进行飞行的飞机，但它却是第一架仅仅依靠阳光动力，并能实现夜间飞行的飞机。过去，许多太阳能飞机其实使用了混合动力，而且它们无法储藏太阳能，也不能实现夜间飞行。

太阳能自行车

太阳能自行车是将太阳能直接变成电能，驱动电机行驶的自行车，主要由太阳能电池、直流电机、蓄电池和自行车组成。太阳能电池是自行车的发电机，蓄电池把太阳能变成的电能储存起来，一方面提供自行车启动时较大的启动电流，另一方面供阴雨天和晚上使用。

英国发明的一种靠太阳光产生动力驱动的太阳能自行车，它的外观看起来和普通的自行车没有多大区别；不过在自行车上载有一个可以接受太阳能的天篷装置。当使用者蹬自行车上的脚踏板时，天篷将会把接受到的太阳光转化成能量储存在自行车电池中，该电池通过放电驱动自行车后轮处的电子发动机，使得自行车行进。据了解，这种自行车的最高时速为 15 千米。

中国也在研制和生产太阳能自行车。首辆太阳能自行车已经问世并开始批量生产。据悉，这款重量只有 9 千克的太阳能自行车，其款式非常简单，外形就像普通的折叠自行车一样，车头上挂着一块蓝色太阳能板，看不到电瓶。这种自行车折叠携带方便，遇到雨天可以通过备用外接电源充电，或使用脚蹬；特别在野外时，可以利用太阳能电池给电脑、手机、照明设备等使用。

太阳池电站

一提起水力发电，人们自然会想到著名的钱塘江水电站和规模宏大的三峡水利工程，想到那一泻千里的瀑布，川流不息的河流，汹涌澎湃的海潮。可是，谁又能想到，那水波不兴、一平如镜的水池也能用来发电呢？这看似不可思议的事，却在 20 世纪 70 年代变成了现实。被称为太阳池发电的盐水湖太阳能发电，就是现实的铁证，它不是利用水力，而是利用太阳能。

这个通过湖水来利用太阳能发电的绝妙构想，是源于一种自然现象。1902

年，科学家们在考察一些盐水湖时发现，盐水湖有一个奇特的共性，越接近湖底，水温越高，在最炎热的夏天，水温有时竟高达700℃。一般湖泊的水面受到阳光照射时，水温便会升高，热水上升，冷水下降，从而引起水在竖直方向的对流，正是在这种对流过程中热水和冷水之间也在进行着热传递及热交换。所以，湖水水层间的温度总不会相差太多。另外，热水从底部升到水面时，要通过蒸发和反射将一部分热量散失掉，因此，即便夏天，湖水的温度也总不会超过气温。

盐水湖的湖底高温奇特现象的根源在于水中所含有的盐分。含盐量越多，水的密度就越大。盐水湖靠近湖底的水，含盐量最高，密度也就最大，比重也就最大，因而湖底的热水难以上升，热量便积蓄于湖底。湖水不断地接受来自太阳辐射的热量，但又难以形成冷热对流，因而湖底储存的热能越来越多，温度也随之上升得越来越高，从而使盐水湖成为一个天然的太阳能存储器。

正是盐水湖的这种奇特现象启发了科学家们的大胆设想：能不能用热交换设备把盐水湖储存的热能变成电能，而且能不能人为地制造一些具有同样特征的盐水湖呢？

在此基础上，20世纪50年代，以色列科学家就提出了建造太阳池发电站的设想，在1979年年底，当死海西南岸附近的一个面积为7000平方米的水池周围，突然亮起一片耀眼的灯光时，这个经过20年的探索和试验的设想终于变成了现实。人类在利用太阳能的历史上，又多了"太阳池电站"这样一个新颖的名称。

如何把池中的热能转换成电能，成为太阳池电站的技术关键。专家们采用的涡轮机叫"兰克茵循环"，他们把湖底的热盐水用水泵抽入管道蒸发器，蒸发器中低沸点的有机液体利用热盐水的热能蒸发为气体，驱动涡轮机，从而带动发电机发电。有机气体从涡轮机出来，经过冷凝器冷却为液体，又循环流入蒸发器；而热水通过蒸发器降温后，又被送回盐水湖的底部，从而形成了一个把太阳能转化为电能的完整的循环系统。

死海海水含盐浓度为27.5%，几乎为一般海水含盐浓度的8倍！在炎热的夏天，死海充分吸收太阳能后，湖底的水温有时可达 90℃ 以上，这是其他国家的水域望尘莫及的。基于死海得天独厚的条件，以色列把第一个太阳池电站建立于死海。后来，以色列又在死海北岸附近的沙漠中建造了一座大型太阳池电站。其中有两个太阳池，有一个是人工挖成的。为了防止渗漏，他们用聚乙烯薄膜铺设了池底，在水面上安装了用塑料制成的防浪网。目前，这座电站运转情况良好，发电能力达 2500 千瓦，这更增加了以色列人对太阳池发电技术的信心，继而能够设计出更加宏伟的发展计划。

以色列人制订了"地中海—死海发电计划"。他们设想，如果将比死海水位高 400 米、含盐浓度只有 3.5% 的地中海海水通过一条水渠引入死海，就可以把死海变成一个巨大的天然太阳池，而它的发电量可高达 150 万千瓦。可以想象，如果这个计划可以实现的话，那将是一个多么惊人而辉煌的创举，它将成为一个更大的历史性的突破。

为了更好地开发利用太阳能，许多科学家潜心钻研，寻求探索各种方法。"太阳池"自然也引起了全世界的重视。美国已修建了 10 个太阳池，用以进行对太阳能的研究试验，并用于取暖和供应热水。日本也用"太阳池"为水产养殖和温室栽培提供热能。澳大利亚建成了 3000 平方米的太阳池，为其周围地区供电、供暖。太阳池作为人类开发利用太阳能的新途径，必将在不远的将来展现出它更加多姿多彩的风貌，发挥出更多的作用。

太阳能发电产业

太阳能作为一种免费、清洁的能源，受到世界各国的重视。2004 年全球安装的太阳能发电系统容量已超过 1000 兆瓦。最新统计资料表明，太阳能发电产

业在最近 5 年的年均增长速度超过 30%。

1980 年末，由法国、德国和意大利等欧洲 9 个国家联合建造的世界首座并网运行的塔式太阳能热电站，在意大利西西里岛建成。这座电站建筑物高 50 米，占地 2 万平方米，由 70 个面积为 50 平方米和 112 个面积为 23 平方米的聚光镜组成。每个聚光镜都由两台电动机带动，可绕垂直轴旋转，并通过计算机控制，使镜面能够跟踪太阳转动。抛物状的镜面把照射来的阳光聚集成光束射到塔顶，使那里设置的锅炉产生高达 500℃ 的水蒸气，再用这种高温蒸气驱动汽轮发电机组发电。这座电站的额定功率为 1000 千瓦。由于具有良好的储能设施，所以，无论是白天黑夜、阴天下雨都能够保证连续发电，从而使这里银光闪烁，被人们称作是西西里岛的"聚宝盆"。

1982 年，美国在加利福尼亚州兴建了两座大型塔式太阳能热电站。这座电站占地 7 万多平方米，塔高 80 米，采用了 1818 个聚光镜，发电能力达到 1 万千瓦。紧随其后，中国、俄罗斯和美国又相继建造出 10 万千瓦、30 万千瓦和 100 万千瓦的太阳能热电站。

德国莱比锡市附近的埃斯彭海因太阳能电站一度是世界上功率最大的太阳能电站，该电站耗资 2200 万欧元。整套发电装置由 3.35 万块太阳能电池板组成，占地面积 21.6 公顷。电站功率为 5 兆瓦，可为 1800 户住家提供生活用电。

以色列的日照时间非常长，每年 4—11 月的旱季，基本上是阳光灿烂、万里无云的天气，即便是在雨季，也是晴多阴少，而南部广阔的内盖夫沙漠和死海地区，基本终年无雨。从理论上讲，若能把面积为 225 平方千米的内盖夫沙漠表面全部用于太阳能发电，就可满足以色列全国的用电量。长期以来，以色列一直重视对太阳能技术的研究与开发，在开发和利用太阳能技术方面保持世界领先水平。以色列政府计划在内盖夫沙漠建设占地面积为 40 平方千米的太阳能电站，该电站在 5 年内的发电能力将达 100 兆瓦，在 10 年内工程全部完工，发电能力将达到 500 兆瓦。

进入 21 世纪，不断有大型太阳能电站涌现，而且不断有国家声称要建成世界上最大的太阳能电站。

2009 年 8 月，德国利伯罗泽太阳能电站落成，这是迄今为止德国最大的太阳能电站，峰值功率为 5.279 万千瓦，也是世界上最大的太阳能电站之一。利伯罗泽太阳能电站是在原苏军驻东德最大训练基地上建设的，总占地 162 公顷，从设计到建成约 3 年。前两年主要是设计，随后处理原训练基地留下的弹药和各种生态破坏及安装太阳能模块只花了 1 年，进展相当迅速。

德国是世界上太阳能技术领先的国家，该电站使用的技术是光伏技术，模块是薄膜模块。

2009 年 5 月，一个巨型的太阳能电站在西班牙的安达卢西亚沙漠中投入运行。这座塔式太阳能电站的功率达 20 兆瓦，可保障超过 11 000 户家庭的日常用电。

塔式太阳能电站利用镜面将阳光反射至中央塔，使塔内水温达到 1000℃ 以上，与光伏发电技术相比，它能够更有效地利用太阳能。不过，这种技术只适用于天气晴朗、光照丰富的地区。

这座电站中最主要的部件是一座高度接近 170 米的太阳能塔。有超过 1200 面特制的反光镜，每一面反光镜的面积相当于半个排球场，会将阳光反射到这座太阳能塔上，由此产生的高温足以将其中的液态水加热成蒸气，而这些蒸气又会驱动安放在塔内的涡轮发电机，从而产生出源源不断的电流。

这已是西班牙在安达卢西亚沙漠中建设的第二座大型太阳能电站。随着这座 20 兆瓦电站的投入运营，西班牙的太阳能电站装机容量现在已达到约 3000 兆瓦，居欧洲第二位，仅次于德国。

2008 年 7 月，美国太阳能公司 Sun Powm 宣布在佛罗里达州建设美国最大的太阳能电厂。与多数大型太阳能发电厂不同，该项目将使用家用的屋顶太阳能电池板，同时还要安装太阳跟踪系统，这样比固定太阳能电池板更有效率，装机为 2.5 万千瓦，足以为 1.875 万个家庭提供电力。

太阳能虽然是目前人类掌握的最环保的能源技术，但目前的问题是太阳能发电厂的效率并不高，就算每天都是大晴天，夜晚也还是无法发电的。所以在目前情况下修建混合发电厂是一个较好的选择。

现在我们来看看 2009 年 6 月在以色列开始工作的一个混合发电厂。

这个发电厂采用了 30 面可以追踪太阳方向的面板，这些面板能利用太阳光照压缩空气，驱动对面 30 米高的 Aora 塔中的电动涡轮机，产生电能。当阴天下雨或者夜间的时候，Aora 塔中的电动涡轮机还能使用天然气或者生物燃料来驱动，确保混合电厂可以全天候工作。当然，这个混合电厂的规模并不算大，不过，100 千瓦的电能和 170 千瓦的热能足以供给一个大型社区的能源需求，非常适合取电不便的区域自行发电使用。

中国也在修建新的大型太阳能电站。2009 年，青海柴达木盆地开工建设国内最大的并网太阳能电站。这项工程将在国内首创采用非晶硅薄膜、晶体硅混合的光伏电池方阵，项目首期投资金额约 10 亿元人民币。

该太阳能电站规划总装机容量为 100 万千瓦，其规模相当于目前世界太阳能电站总装机容量的 1/3，是世界第一个吉瓦级太阳能发电站。

构想太阳能太空发电站

太阳能太空发电站是个极其复杂的特大型系统工程。

1968 年，现任美国利特尔咨询公司太空业务主管彼德·格拉泽提出在太空建立太阳能发电厂的计划。他认为，在大气层外的空间，没有云雾，没有尘埃，无气候影响之忧，也没有大气的吸收和散射，接收到的太阳能比地面上强 15 倍，更重要的是太阳能电站进入大气层外的轨道，能始终"跟踪"太阳，做到"日不落"，一天 24 小时都能发电。格拉泽博士计划建造的太空太阳能电站距地面 35 800 千米，太阳能帆板的空间面积要达 50 平方千米，重 5 万吨。太阳能电站的电力用微波输送到地面，发电功率达 500 万千瓦。但这样的庞然大物发射到太空是多么的困难，相当于向太空发射一座城市，谈何容易！因此只有采取"化整为零"的办法，每次发射一部分零部件，然后到太空中再"集零成整"，组装成发电站。以每次发射能力 50 吨计算，要发射上千次。这 50 吨的发射能力已超过目前最大型的空间运输工具航天飞机的运输能力，航天飞机只能把 30 吨重的货物发送到 500 千米的高空。也就是说，必须在太阳能电站之前，研制出更大型的运输工具。另一个大问题是时间长，造价昂贵。美国科学院 1981 年估计，要建造这样规模的空间电站，需 50 年时间，花费 3000 亿美元。

太阳能空间发电站的诱惑力引起了世界的关注。日本从 1987 年就开始研究太空太阳能发电，并于 1990 年成立了 SPS 2000 宇宙太阳发电系统实用化研究小组。所谓 SPS 2000 最初是指到 2000 年在围绕地球的轨道上组建输出 10 000 千瓦的太阳能发电卫星，发射轨道为赤道上空 1100 千米处。该卫星为一个正三

棱柱体，边长 336 米，柱高 303 米，总重量 240 吨，采用分部发射，然后由机器人和自动组装机进行组装，建成后也由机器人维修保养。由于 SPS 2000 未列入国家计划，因此被拖延了下来，但研制工作一直没有中断过，这也是世界上唯一连续工作的系统。从 2010 年开始发射太阳能发电站部件，直至 2040 年，预计将建成 100 万千瓦和 500 万千瓦级的巨大太阳能空间发电站。将太阳能转化为微波，通过 1 千米长的天线将微波能发射到地球上。

美国在 20 世纪 70 年代初，发射了一颗装有 147 840 个太阳能电池的动力卫星，可发电 11.5 千瓦。此外，美国还准备在 21 世纪初期建造 60 个太阳能发电卫星，每颗卫星的发电能力为 5000 兆瓦，这些卫星发电站的总发电量能够满足美国的电能需要。美国航空航天局的新构想是，在太空建造两种大型太阳能发电站，称为"太阳塔"和"太阳碟"。"太阳塔"由一组人造卫星构成，每颗卫星提供 200～400 兆瓦功率。它们在赤道上空 12 000 千米的低地球轨道运行，可以同时向几个不同的地面位置提供能量，供应全球所需的电力。"太阳碟"卫星外形与太阳塔相似，但发电量可达 2000 兆瓦，最大的差异是，"太阳碟"是发射到距地球表面 3.6 万千米的地球同步轨道上，可以 24 小时不间断地将太阳能输送到地面上的一个指定地点。

这两种太空太阳能发电站将由大量的标准统一组件构成，可以在太空中自动装配，不需太空航天员做任何帮助。计划 20 年内投入运行。

目前，太阳能太空发电站已经有了比较明确的实施计划和完成时间要求，但要真正实现太空发电，归结起来还有三大难点需要解决：

一是如何把庞大的太空电站系统发射到太空。估计若需获得 50 亿瓦的电力，发电站总重将达 4000 多吨。只能采用"化整为零""集零成整"的办法。

二是如何把微波能量传回地球，现在有几种方案，一种是将电能通过微波由一架小飞机运回地面，这是日本和加拿大的打算，而法国则准备在同步轨道上装一面直径为 1 千米的镜子，将呈微波状态的电能反射传输到所需要的地方。

三是如何保证地面安全以及保护好地球环境。人们质疑：万一强大的微波失控，高能量的微波会不会对人类的健康造成影响？科学家们认为只要通过地面信号控制微波发射装置，使它始终对准地面接收站，并将微波泄漏量控制在国际安全标准之内，就不会影响人类的健康和自然界的生态平衡。同时，美国科学家还设计了失效保险装置，万一微波能量失控，让其在太空中立即自行消散。

太阳能使用的利弊谈

太阳能既是一次性能源，又是可再生能源。它资源丰富，既可免费使用，又无需运输，对环境无任何污染。它为人类创造了一种新的生活形态，使社会及人类进入一个节约能源、减少污染的时代。

1. 太阳能的优点

（1）普遍性：太阳光普照大地，没有地域的限制，无论陆地或海洋，无论高山或岛屿，处处皆有；太阳的光能和热能可直接开发和利用，且无须开采和运输。

（2）无害性：开发利用太阳能不会污染环境，它是最清洁的能源之一。在环境污染越来越严重的今天，这一点是极其宝贵的。

（3）巨大性：每年到达地球表面上的太阳辐射能约相当于130万亿吨标准煤，总量属现今世界上可以开发的最大能源。

（4）长久性：根据目前太阳产生的核能速率估算，氢的储量足够维持上百亿年，而地球的寿命也约为几十亿年，从这个意义上讲，可以说太阳的能量是用之不竭的。

2. 太阳能的缺点

（1）分散性：太阳光到达地球表面的辐射总量尽管很大，但是能流密度很低。平均说来，北回归线附近，夏季在天气较为晴朗的情况下，正午时太阳辐射的辐照度最大，在垂直于太阳光方向 1 平方米面积上接收到的太阳能平均有 1000 瓦左右；如果按全年日夜平均计算，则只有 200 瓦左右；而在冬季大致只有一半，阴天一般只有 1/5 左右。这样的能流密度是很低的。因此，在利用太阳能时，想要得到一定的转换功率，往往需要面积相当大的一套收集和转换设备，造价较高。

（2）不稳定性：由于受到昼夜、季节、地理纬度和海拔高度等自然条件的限制，以及晴、阴、云、雨等随机因素的影响，所以，太阳光到达某一地面的辐照度既是间断的又是极不稳定的，这给太阳能的大规模应用增加了难度。

为了使太阳能成为连续、稳定的能源，从而最终成为能够与常规能源相竞争的替代能源，就必须很好地解决蓄能问题，也就是把晴朗白天的太阳辐射能尽量储存起来，以供夜间或阴雨天使用，但目前蓄能也是太阳能利用中较为薄弱的环节之一。

（3）效率低和成本高：目前太阳能利用的发展水平，有些方面在理论上是可行的，技术上也是成熟的。但有的太阳能利用装置，因为效率偏低，成本较高。总体来说，太阳能的经济性还不能与常规能源相竞争。在相当长的一段时期内，太阳能利用的进一步发展，主要受到经济因素的制约。

大自然的献礼——风能

相信很少有人对于风能陌生，因为风能已经进入了大众的生活。利用风能发电，利用风能采暖都不是久远的事情。这是大自然赐予人类的礼物，风能使人们的生活更加美好。

风从何处来

风是一种最常见的自然现象，汹涌的海浪、怒吼的林涛、飘扬的旌旗，都是风作用的结果。春风和煦，给万物带来生机；夏日阵风，使人心旷神怡；秋风拂过，带来丰收的喜悦；北风怒吼，迎来寒冷冬季。一年四季，风有时给人们带来欢乐，有时也会给人们带来灾害。

风，从古至今，吹得土地黄沙莽莽，吹得"一川碎石大如斗，随风满地石乱走"。特别是强烈风暴，刮得天昏地暗，飞沙走石，毁坏房屋，中断交通，给人类带来灾难。然而，这猛烈、怒吼的风，唤起了人类对它的驯服欲望，让它顺应人的意志，为人类服务。

那么，风为何物，它为什么有这么大的本领呢？

大家知道，地球的表面是由一层厚厚的大气包围着的，这层气体也叫空气，它的总厚度大约为1000千米。根据不同的物理特性，大气层可划分成对流层、平流层、中间层、热层和散逸层。风这种自然现象就产生在对流层里。在对流层的上部，由于温度低，冷空气就会沉到下部，下部的暖空气就会浮升向上。于是空气就会发生上下翻腾，形成空气对流现象。同时，太阳光照射到地球上，由于各地辐射能量不均衡，地球表面各地区吸热能力不同，便引起各处气温的差异，冷热空气形成对流，这就是风。

风是一种自然能源。也可以说是取之不尽、用之不竭的干净能源。有人估计过，地球上的风能是个惊人的数字，它相当于目前全世界能源总消耗量的100倍，这个数字相当于1.08万亿吨煤蕴藏的能量。据估计，太阳给地球的辐射热量约有2%被转换为风能。

风能利用的研究与开发，将在新能源的研究中占有一定的地位。不过风能也有许多弱点，如风力的不经常性和分散性，时大时小，时无时有，方向不定，变幻莫测，若用来发电则带来调速、调向、蓄能等特殊要求。此外，空气密度极小，仅是水密度的1/816，因此要获得与水能同样的功率，风力机的风轮直径要比水轮机的叶轮直径大几百倍；风能利用必须解决的问题是如何降低风力发电机叶片的巨大制造成本，提高转子的效率，延长发电机寿命等。

地球表面有了风，才能耕耘播种、调节气温、传播花粉、吹动风车。利用风力提水磨面等应用也已有数千年历史，而现代技术又将风车变成了发电的动力之源，使古老的风能重新焕发了青春。

那么，风是怎样吹起来的呢？

空气的流动形成了风。流动的空气所具有的能量（动能），就是风能。广而言之，风能是由太阳能转化以及地球自转引起的。在赤道上，太阳垂直照射，地面受热很强；而在地球两极地区，太阳是倾斜照射的，地面受热就比较弱，热空气比冷空气轻，就造成在赤道附近热空气向空间上升，并且通过大气层上部流向两极；两极地区的冷空气则流向赤道。由于地球本身自西向东旋转，大气环流在北半球产生了东北风，在南半球就产生了东南风，分别称为东北信风和东南信风。

海陆风——沿海地区海上与陆地上所形成的风，其风向是交替出现的。它的形成是由于昼夜之间温度的变化造成的。白天，陆地上接受的太阳辐射热量较海水要多，因而陆地上的空气受热向上流动，而海洋面上的空气较冷，则从海洋流向沿岸陆地，这样就形成了海风；夜间，陆地上的空气比海洋上的空气冷却要快一些，因此造成海洋上的空气上升，而陆地上的较冷的空气沿地面流向海洋，形成了陆风。

　　山谷风——山岳地区在一昼夜间形成的山风，又称谷风或平原风。谷风的产生是由于白天太阳照射，使山坡上的空气温度升高，热空气上升，而地势低处的冷空气则自山谷向上流动，这就形成了谷风；到了夜间，空气中的热量向高空散发，高空中的空气密度增大，空气则沿山坡向下流动，这就形成了山风。

　　人们认识海陆风和山谷风是很早的事了。住在沿海的人们都知道，在晴朗而昼夜温差较大的日子里，白天吹来海风，夜晚则陆风吹向海上。而住在山区的人们，则很熟悉山谷风的运转规律：白天谷风从谷底向山上吹送，晚上又转变为山风从山上吹到山下。

　　人们经过反复实践，终于认识了大气中风的规律，甚至还可以准确地掌握海陆风、山谷风的出没规律，就像掌握潮水涨落规律一样准。海风何时登上陆地，谷风什么时候走向山头，有经验的沿海渔民和山区农民都一清二楚。

　　大风包含着很大的能量，它比人类迄今所能控制的能量要大得多，因此风能的有效利用是人类开发能源的重要组成部分。

风的相关知识

风是怎么形成的

　　简单地来讲，风是空气分子的运动。在我们生活的地球外面，有一层厚厚的空气。这层空气是由许多不安分的空气分子组成的，这些空气分子的分布并不均匀，有的地方多，有的地方少，而这些不安分的空气分子就不停地从空气分子密集的地方跑向空气分子稀疏的地方。这样一来，就形成了风，而空气分子运动速度的快慢和方向也决定了风速和风向，而同时运动的空气分子数量就决定了风力。

生活中有哪些常见的风

阵风：风忽而大，忽而小，吹在人的身上有一阵阵的感觉，这就是阵风。

旋风：当空气携带灰尘在空中飞舞形成旋涡时，这就是旋风。

焚风：当空气跨越山脊时，背风面上容易发生一种热而干燥的风，就叫焚风。

龙卷风：龙卷风是一个猛烈旋转的圆形空气柱。远远看去，就像一个摆动不停的大象鼻子或吊在空中的巨蟒。

你知道风力等级吗

根据风对地上物体所引起的现象将风的大小分为13个等级，称为风力等级，简称风级。分别是0级静风、1级软风、2级轻风、3级微风、4级和风、5级清风、6级强风、7级疾风、8级大风、9级烈风、10级狂风、11级暴风、12级台风。陆地上出现的风力一般多在0～9级；10～12级的风陆上很少见，可以拔掉大树、摧毁建筑，破坏力极大。为便于记忆，人们编了一个口诀：

零级烟柱直冲天，

一级轻烟随风偏，

二级轻风吹脸面，

三级叶动红旗展，

四级枝摇飞纸片，

五级带叶小树摇，

六级举伞步行难，

七级迎风走不便，

八级风吹树枝断，

九级屋顶飞瓦片，

十级拔树又倒屋，

十一十二级陆上很少见。

风对飞机的飞行有什么影响

飞机在空中飞行，免不了要与风打交道，那么风对飞机的飞行有什么影响呢？首先，飞机在起飞和着陆时必须根据地面的风向和风速选择适宜的起飞、着陆方向；其次，飞机在飞行的时候，必须依据空中风向和风速及时修正航向，不然就会飞偏位置，这样麻烦就大了；再次，修建机场时，还要根据历年来风的气候资料确定跑道方位；另外，风对飞机飞行性能、飞行载荷及飞行强度都有显著的影响，在飞机的设计过程中都要予以考虑。

你知道被火山"吃"掉的台风吗

人们提起台风都不禁变色，它的破坏力极强，所到之处可谓是寸草不留。然而，强中自有强中手，这么厉害的台风也会被火山"吃"掉。1991年5月14日，一股刚形成的台风在向西移近菲律宾吕宋岛时，恰逢菲律宾皮纳图博火山爆发，一时间，灼热浓黑的火山灰铺天盖地，使台风范围内上百万平方千米的大气层充满了尘埃，这样一来，台风的热力和输送条件完全被破坏了，就再也威风不起来了。

台风能把大海点着吗

虽然台风会被火山"吃"掉，但它的威力是毋庸置疑的，并且它还能引发一些奇异的自然现象。1977年，印度的南方沿海马德拉斯市海港，在一阵强热带风暴过去不久，海面上竟燃起了熊熊大火，火光冲天。经气象、地球物理、化学等科学家们的集体研究，才知道是强大的台风在贴着海面高速飞行的过程中，与海水发生了强烈的摩擦，产生了极高的温度，以致空气都燃烧起来了，使大海变成了火海。

这就是风的力量

风是地球的大气运动，大气的流动就像水流一样是从压力高处流向压力低处。大气中的气流是巨大的能量传输介质，地球的自转又进一步促进了大气中半永久性的行星尺度环流的形成。

在海边，由于海水的热容量大，通过太阳能辐射后，表面温度上升慢，陆地热容量小，升温就比较快。在白天，由于陆地空气温度高，空气上升从而形成海面吹向陆地的海陆风。反之，在夜间，海水降温慢，海面空气温度高，空气上升从而形成由陆地吹向海面的陆海风。

在山区，白天，太阳使山上空气温度上升，随着热空气的上升，山谷冷空气向上运动，形成"谷风"。夜间，空气中的热量散发到高处，使气体密度增加，空气沿山坡向下移动，又形成了所谓的"山风"。

风向和风速是用来描述风的两个重要参数。风向是指风吹来的方向，如果从北方吹来的风就称为北风。风速是指风移动的速度，即单位时间内空气流动所经过的距离。风向和风速这两个参数都是在不断变化的。

风随时间的变化

风每天都在发生变化。通常一天当中风的强弱在某种程度上是呈周期性的。如地面上，夜晚风弱，白天风强；而高空中正好相反。这个逆转的临界高度为100～150米。季节的变化会引起太阳和地球的相对位置变化，从而产生季节性的温差。因此风向和风的强度也会发生季节性变化。

风随高度的变化

我们将不同高度的大气层分为几个区域。高出地面2米以内的区域称为底层，2～100米的区域称为下部摩擦层，二者总称为地面境界层，100～1000米的区域称为上部摩擦层，以上三个区域总称为摩擦层。摩擦层上部的区域是自由大气。由于，地面境界层内空气流动受涡流、黏性和地面植物及建筑物等的影响，所以风向基本不变，但风速随着高度的增加会越来越大。

风的随机性变化

我们通过自动记录仪来记录风速，发现风速是不断变化的，一般所说的风速指的都是平均风速。通常所说的自然风是一种平均风速与瞬间风速相重合的风。

风能是空气流动所产生的动能，能量很大。风速为9～10米/秒的5级风吹到物体表面上的力约为10千克/平方米；风速为20米/秒的9级风吹到物体表面上的力为50千克/平方米；台风的风速可达60米/秒，它对每平方米物体表面上的压力，竟可高达200千克/平方米。波涛汹涌的海浪，是被风激起的，它对海岸的冲击力相当大，有时压力可达3.0×10^4千克/平方米，最大时甚至可达6.0×10^4千克/平方米。

风能被作为地球上重要的能源之一造福于人类。据估计，风中含有的能量，比人类到目前为止所能控制的能量还要高。例如飓风，据有关资料显示，全世界范围内一次性造成 5000 人以上死亡的飓风，就有 20 多次，其中有 7 次每次造成的死亡人数超过 10 万人。1949 年 11 月大西洋发生的一次风暴，致使 600 多艘轮船淹没。再如 2005 年 8 月 26 日飓风"卡特里娜"给美国新奥尔良州带来了灾难性的破坏，造成上万人的死亡和巨大的财产损失。飓风之所以会造成这么大的灾害，是因为它蕴藏着巨大的能量。据气象学家估算，一个来自海洋的直径为 800 千米的台风的能量相当于 50 万颗 1945 年广岛爆炸的原子弹。如果我们能将一个台风中 3% 的能量转化成电能，那么就能得到相当于 176 万个 12.5 万千瓦的火力发电厂的发电量。只是，到目前为止，还没有找到合理利用台风巨大能量的办法，这还有待于科学家们进一步探究。

什么是风能

在地球上，由于地面各处受太阳辐照后，气温变化和空气中水蒸气的含量不同，因而引起各地气压的差异；在水平方向上，高压地区的空气向低压地区流动，就形成了风。

什么是风能呢？风能就是自然风产生的能量，也就是地球表面大量空气在水平方向流动所产生的动能。

风能资源的决定因素有两个：风能密度和可利用的风能年累积小时数。估计在地球吸收的太阳能中，有 1% ~3% 转化为风能，相当于地球上所有植物通过光合作用吸收太阳能转化为化学能的 50 ~100 倍。在高空上就会发现风的能量有多大，那里有时速超过 160 千米的强风。这些风的能量，最后因与地表及

大气间的摩擦力而以各种热能的方式释放。

风具有无穷的力量，风能为我们提供强大的动力，为我们发电带来了新的途径和便利。

风力发电是以风能作为动力的，无形的风能可以通过风车来转化为我们需要的能量。当风吹动风轮时，风力带动风轮绕轴旋转，使得风能转化为机械能。

风车有了机械能，还能为我们提水。目前，世界上约有100多万台风力提水机在运转。它们屹立在世界各地，随风转动叶片，无私地帮助人们提水、铡草、加工饲料等。

世界风力发电总量居前3位的国家分别是德国、西班牙和美国，三国的风力发电总量占全球风力发电总量的60%。北欧国家丹麦就是世界上著名的"风车王国"。

现在，风力资源的最大利用已在资源愈加枯竭的许多国家蔚然成风，渐入佳境。风车也成为全世界中一道靓丽的风景线，它的数量多少是衡量一个国家对风能利用的重要标尺。在英国，迎风徐徐转动的微型风能电机给人们的生活带来充足的电能，对美化环境也发挥了不可估量的作用。

如今，一座座风力发电站屹立于世界广阔的草原和山岭之上。每当大风来临，它就会自动调转方向，将犀利的风转化成无尽的能源；不管风力有多大，来势有多猛，它一概接收转化成电能储存起来，为人们提供充足的电力。

尺有所短，寸有所长，虽然风能利用具有巨大的优势，但人们在具体应用过程中也存在着一些限制及弊端：

（1）风速不稳定，产生的能量大小不稳定。

（2）风能利用受地理位置限制严重。

（3）风能的转换效率低。

（4）风力发电在生态上的问题是可能干扰鸟类。

（5）风力发电需要大量土地兴建风力发电场，才可以生产比较多的能源。

（6）进行风力发电时，风力发电机会发出巨大的噪声，所以要找一些空旷的地方来兴建。

（7）风能是新型能源，相应的使用设备也不是很成熟。

风能的地域分布

从全球来看，西北欧西岸、非洲中部、阿留申群岛、美国西部沿海、南亚、东南亚、中国西北内陆和沿海地区，风能资源比较丰富。但是，由于风的流动性大，侵袭范围广泛，风速时空变化复杂，特别是在地势起伏较大的地区。有可能有的地方风能丰富，个别地方风能却很贫乏。反之，在风能贫乏区中，也会有局部地方风能较为丰富的现象。

由于所处的纬度、地势不同等原因，风能资源的分布差异很大。沿海地区、岛屿、高原地区等，一般风力较大；相反，洼凹地、盆地内的风力可能要小一些。不过，风力的大小受多方面因素的影响。以中国的风能资源分布为例，东南沿海及附近的岛屿、内蒙古、甘肃走廊、三北北部和青藏高原的部分地区，风力资源极为丰富，其中某些地区年平均风速可达 6~7 米/秒，年平均有效风能密度（按 3~20 米/秒有效风速计算）在 200 瓦/平方米以上，3 米/秒以上风速出现时间超过 4000 小时/年。按照有效风能密度的大小和 3~20 米/秒风速全年出现的累积时数，中国风能资源的分布可划分为风能丰富区、风能较丰富区、风能可利用区和风能贫乏区等四类区域。

1. 风能丰富区

指风速 3 米/秒以上超过半年、6 米/秒以上超过 2200 小时的地区，包括西北的克拉玛依、甘肃的敦煌、内蒙古的二连浩特等地，沿海的大连、威海、嵊泗、舟山、平潭一带。

这些地区有效风能密度一般超过 200 瓦/平方米，有些海岛甚至可达 300 瓦/平方米，其中福建省台山最高达 525.5 瓦/平方米，3~20 米/秒风速的有效

风力出现频率达 70%，全年在 6000 小时以上。东南沿海地区的风能资源主要集中在海岛和距海岸 10 多千米内的沿海陆地区域。内蒙古等地内陆风能丰富，主要因受蒙古和贝加尔湖一带气压变化的影响，春季风力大，秋季次之。

2. 风能较丰富地区

指一年内风速超过 3 米/秒在 4000 小时以上、6 米/秒以上的多于 1500 小时的地区，包括西藏高原的班戈地区、唐古拉山，西北的奇台、塔城，华北北部的集宁、锡林浩特、乌兰浩特，东北的嫩江、牡丹江、营口，以及沿海的塘沽、烟台、莱州湾、温州一带。该区风力资源的特点是有效风能密度为 150 ~ 200 瓦/平方米，3 ~ 20 米/秒风速出现的全年累积时间为 4000 ~ 5000 小时。

3. 风能可利用区

指一年内风速大于 6 米/秒的时间为 1000 小时、风速 3 米/秒以上超过 3000 小时的地区。包括新疆的乌鲁木齐、吐鲁番、哈密，甘肃的酒泉，宁夏的银川，以及太原、北京、沈阳、济南、上海、合肥等地区。该区有效风能密度为 50 ~ 150 瓦/平方米，3 ~ 20 米/秒风速年出现时间为 2000 ~ 4000 小时。该区在中国分布范围最广，一般风能集中在冬春两季。

以上这三类地区大约占全国总面积的 2/3。

风能发电

20 世纪 80 年代初，为了支持风能发电事业，中国科学院从德国引进 10 台风力发电机，无偿提供给浙江宁波嵊泗岛，希望作为示范工程。风机安装完，试运行成功，效果良好。没想到的是，事后该风力发电站负责人竟到中科院索要运转费用，声称不给费用就停止运行。中科院是科研单位，没有运转费。风机果然停运，成了一堆废铁。

由于对新技术缺乏敏感性，失去了一次新兴产业换代机会。2005 年，浙江花巨资引进技术，建立大型风电装备企业。

2008 年，浙江省规模最大的风力发电项目岱山县衢山岛风力发电场建成。已安装 48 台单机容量 850 千瓦风机，取得令人瞩目的成绩。遗憾的是整整晚了 20 年。

我们知道，风能是可再生能源中技术最为成熟又最简单的技术。过去 20 多年里风力发电成本下降 80%，成为发电成本最接近火电的新能源。风力发电具备大规模商业化运作的基础。

欧洲最早开发利用风电

英国成为世界上拥有海上风力发电站最多的国家，超越曾位于榜首的丹麦。目前，英国正在制订进一步推动海上风力发电站计划，为家庭提供足够的电力。到 2020 年，英国海上风力发电能力将占全球市场的一半。

现在，英国来自岸上及海上风力发电站的电量达到 30 亿瓦，足够供应 150 万个家庭。其中，海上风力发电占 20%，还有 5 座在建电站，2009 年末总电量增加 9.38 亿瓦。估计这种趋势会继续下去，最终风能的使用成本将会不断降低，而且符合国际上减少二氧化碳排放以阻止气候变化的紧迫需求。英国及其周边海域，拥有欧洲最强的风力，为风力发电提供了保证。

风能发电的新思路

　　风力发电作为能源存在许多问题，导致发电效率较低。首先，由于空气密度小，只有水的百分之一，因此，利用空气流动而产生的风力远远低于水力。为了获得更大功率，必须加大风轮直径。风力同水力相比，若要获得相同的功率，则风轮直径要比水轮大几百倍。然而这在技术上很难达到。这样就无法保证输出稳定电力。为了解决这些问题，能得到更稳定、更强劲的风力，科学家们又在思考高空风力发电、太阳能风力发电、人造龙卷风发电、风光互补系统等新构思。

高空风力发电站

　　苏联的一个科学研究小组在地球的大气层中进行广泛调查时发现，在距离地面 10～12 千米的大气层中，有一对流层，其风速达到 25～30 米/秒，比地面大气层的风能大 2000 倍，相当于地面上的 10 级狂风，而且相当稳定。

　　显然，这是一种巨大的风力资源，因此，科学家们面对这种巨大的风能，作出了对流层风力发电站的设计。对流层高于地面 10～12 千米，如果按照陆地风力发电站模式建造风力发电机塔架，相当于3000多层摩天大楼那么高，就目前的工程技术水平而言，是不可能做到的。科学家们异想天开地设计出"空中楼"式风力发电站。这个新思路虽然是"异想天开"，但用现代技术却是可以做到的。科学家们准备将一个重量约30吨的巨型发电机组用庞大的氦气球或汽艇升高到距地面10～12千米高空，放在狂风大作的对流层中。然后采用超高强度绳索将气球和风力发电机"捆"为一体，而氦气球则用绳索固定在地面上。风力发电机发出的电力通过导线传到地面上，地面上安装着大功率变压器和控制设备。据分析计算，大规模对流层风力发电站的发电成本只有现有电站的1/6～1/5。此外，这种高空电站不仅降低了发电成本，而且可用于无线电和电视传播。高空风力发电站的构建不是一件轻而易举的事，一系列的技术难题还需要解决，比如气球漏气后如何修理、充气，以及怎样控制气球在高空的位置等。

风光互补系统

风力发电与太阳能电池发电组成的联合供电系统称为风光互补系统。不管是风能还是太阳能，都有能量密度低、稳定性差、常受天气影响、不连续等共同的弱点。太阳能有日夜的间断，而风能则有季节性强弱的变化，如果将两者结合起来，就起到了互补效果。因此，在设计风力发电和光电系统时，要根据当地的气象条件，选择适当的容量搭配，以得到相对稳定的电能。

太阳能风力发电站

20世纪70年代末，一位名叫尤尔格·施莱希的德国工程师曾提出过一种太阳能风力发电站的设计方案。这种方案是借助于太阳能产生的气流，来推动风力发电机发电的。

他的设计方案是先铺设一个大面积的透明的圆形塑料薄膜顶棚，该顶棚的结构是周边低，逐渐向中间升高，并与中间的烟囱状的高塔相连。当太阳能加

热塑料棚内的空气，使其温度上升至 20～50℃时，棚内的空气就会向中间流动，再借助中央高塔抽力，便可在高塔内产生巨大的风速。经计算，该风力可达到 60 米/秒，相当于台风速度。利用塔内风速，只要装上发电机，就可发出电能。

到 2002 年，施莱希的构思得到澳大利亚一家公司的重视，他们正准备筹建一个由太阳能和风能联合做功的试验电站。根据这家公司的设计理念，他们将在烟囱的基部建造一个面积达 7.5 平方英里（约 1942 万平方米）的温室。当温室空气由于吸收了太阳能而变热以后，便会顺着烟囱上升，从而带动涡轮机发电。该公司估计，热空气形成的上升气流能够带动 32 台涡轮机产生 200 兆瓦电能，足够 20 万个家庭使用。设计人员认为，如果这个发电厂建起来，预计寿命为几十年，维修费用不高，效率远远高于将太阳能直接转换成电能的光电转换系统。

人造龙卷风发电站

更确切地说，是设计一种利用热力形成的冷热空气之间的温差和对流进行风力发电的人造龙卷风发电系统。

由于太阳的照射，在海洋和沙漠上空，热气流上浮，冷空气下沉，形成了上下流动的风。基于这种情况，科学家们设计出一种巨大的筒状物，用人工方法引导气流在筒内上升下降，从而驱动涡轮机工作。以色列就是利用此原理进行试验研究，从而建成了风能塔。

让风不再寂寞的风轮机

　　风力发电的关键在于风轮机。从古至今，人们曾使用过多种风轮机。从旋转轴和地面的相对位置来区分，风轮机大致可分为两类：一类是水平轴风轮机，风轮轴与地面呈水平状态，叶片绕水平轴线旋转；另一类是垂直轴风轮机，风轮轴与地面呈垂直状态，叶片绕垂直轴旋转。

　　水平轴风轮机又可根据叶片的多少，分为单叶式、双叶式、三叶式和多叶式等。也可以按照叶片相对于气流的情况，分为顺风式和迎风式：叶片在塔架前方为迎风式，叶片在塔架后方则为顺风式。水平轴风轮机一般由风轮、调速器、发电机、调速调向装置、支承塔架等组成，单机功率从几十瓦到数兆瓦。到目前为止，世界上已建成很多水平轴风轮机，它的特点是，在风速超过额定值时，风轮机将会被抬起，从而起到自行保护的作用。

　　（1）风轮：现代水平轴风力发电机通常采用高转速升力型风轮。高速风轮多为双叶片或三叶片，也有采用单叶片或四叶片以上的，但为数极少。叶片材料以往多用硬木和铝材，近年来多采用玻璃纤维复合材料，这是为减轻叶片的重量，增强耐蚀性，延长使用寿命而采取的办法。叶片的长度（风轮直径）决定风力机的输出功率。美国一台 2500 千瓦的大型风力发电机，风轮直径达 91 米，而一台 2000 瓦的小型

风力发电机，风轮直径仅 4 米。

（2）调速装置：为了使风力发电机的功率相对稳定，所以在风速有变化时，就启动调速装置来控制。从原理上说，调速系统有两种类型：一种是叶片桨距固定，另一种是叶片桨可以变化。

（3）发电机：一般安装在塔架顶部，类型主要根据使用要求选择，例如微型、小型风力发电机，多采用永磁或励磁直流发电机。因为小型机都是独立运行的，为了保证电力供应稳定，需配备蓄电池储能。采用直流发电机可以直接向蓄电池充电，但使用不大方便，需配备直流电器或用直流—交流逆变器；大型或中型风力发电机一般与常规动力装置并联，或并网运行，因此多采用直流发电机。

（4）调向装置：当风向改变时，为了充分利用风力，风轮也要随之调向对风。如风轮较小时，一般用尾翼调向；中、大型风力机，就多以辅助风轮调向。此外，也有相当数量的大型风力发电机采用电动调向。

（5）塔架：用于支撑风力机风轮、发电机的部件。高度是根据当地风力、发电功率来确定的。塔架越高，风速越大。例如在乡间田野上，如果在 10 米高处的风速为 5 米/秒，那么在 20 米和 30 米高处的风速就可分别达到 5.6 米/秒或 6 米/秒。风轮的输出功率与风速的立方成正比，当一个风轮在 5 米/秒风速时输出的功率是 100 千瓦，而在 6 米/秒风速时就可达到 173 千瓦。

现代风力机在塔架底部安装有专门的电子监控系统，使各部件协调运行，并对故障情况进行监测。

从全世界范围来看，目前市场上的商品风力发电机多为水平轴型，功率从几十瓦到数兆瓦。垂直轴风轮机指风轮转轴与地面呈垂直状态。常见的有中型、S 型和直叶片型。

与水平轴风轮机相比，它可以在任意风向情况下运动，不需要调向装置；另外，发电机的位置接近地面，维修方便。垂直轴风轮机的风轮有两种：一种是阻力型，常见的有萨马尼斯风轮，还有平板式和涡轮式风轮等；另一种是升力型，常见的有中型达里厄风轮和直叶片风轮等。垂直轴风轮机的缺点是启动和制动性能差。

中型风力发电机是法国人于 1925 年发明的，后来以他的名字命名为达里厄型风力机，并取得专利。这种风力机经受了半个多世纪的冷落之后，在 20 世纪 70 年代后期脱颖而出，被认为是水平轴风力机的一个潜在的竞争对手。

中型机的风轮一般由曲线型叶片组成。叶片为对称翼型剖面，它的优点是风轮旋转与风向无关，能利用来自任何方向的风力，不需要调向机构；发电机装在地面上，便于安装维修，省去了水平轴风力机所必要的塔架。由于它启动性能差，所以要配备电动机或辅助风轮帮助启动；调速比较困难，只能做到大风时限制风速，因此一般采用变速恒频电机。

S 型风轮机又称萨沃纽斯型风力机：风轮由轴线偏放对置的两片半圆筒形叶片组成，横剖面近似呈 "S" 形状。是芬兰人西格德·萨沃纽斯在 1924 年发明的。S 型风力机启动扭矩，工作可靠，制作容易。

制作 S 型风轮最简单的方式是用废旧汽油桶对剖开制成。有时为了获得较大的功率，可以将几千风轮上下重叠装在一起。

S 型风力机可以用来发电，但更多的是用于提水。1981 年中国研制了一种 150 瓦功率的 S 型风力发电机，有 4 层风轮，作为岸边航标灯的电源，使用效果良好。

直叶片风轮机是达里厄型的一种形式，工作原理与中型风力机相同。但此种风轮机能充分发挥叶片全尺度的作用，制作也比较简单。缺点是直叶片的横担和拉索等固定支撑件将产生气动阻力，导致气动效率下降。1983 年中国研制了一种带导叶的 1.5 千瓦直叶片风力发电机，风轮直径 4.8 米，由 3 组叶片组成，每组包括一主动力叶片和一导流叶片。这种风轮改善了启动性能。同时，当风速增大时，主叶片和导流叶片在离心力作用下，以相反的气流攻角产生气动主力，从而限制风轮超速。

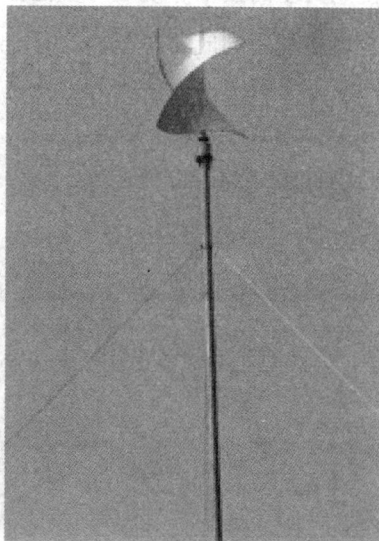

风能的大力发展

由于风力发电不污染空气，不排放二氧化碳，又是可再生能源，因此受到许多国家的青睐。近年来，欧洲许多国家都制订了风能的发展计划，其他国家也相继启动了风能的市场驱动政策。

人们常说荷兰是风车王国，但如果以现代发电风车而言，"风车王国"的桂冠当属丹麦。丹麦虽然只有500万人口，却是世界风能发电大国和发电风轮生产大国。1999年底，丹麦风能发电的装机总量高达1606兆瓦，在欧洲仅次于德国，但人均风能拥有量却远远高于德国。目前，丹麦生产的风轮，发电功率达1800兆瓦，相当于两座核电站；风轮产值达15亿美元，占到世界风轮市场的一半。世界十大风轮生产厂家丹麦就有五家，世界60%以上的风轮制造厂都使用丹麦的技术。现在丹麦已拥有风力发电机3000多座，年发电100亿度。丹麦风能利用的成功主要由于政府的大力支持。受20世纪70年代"石油危机"的影响，丹麦政府决定开发风能，并制订了第一个能源计划。近年来温室效应的出现以及环境的恶化更使丹麦坚定了风能在实现可持续发展中的重大作用。

在美国，一半的电力供应主要来源于燃煤，这给环境带来了严重的污染，因此风能的利用得到了重视。1992年美国能源部拨出4000

万美元，资助美国电力公司开发风力发电设备和系统，使美国的风力发电得以发展。预计到2010年，美国的风力发电规模将达到5000万千瓦。

美国开发风力发电主要选择风力充足的地区为场址，建立风机田；为了统筹管理、联网运行和维护，集中建造风机群，鼓励私营企业开办风电场，这样可降低成本。

美国风机田是按照一定的排列方式安装大量风力发电机发电的场所，也被称为风力田。美国加利福尼亚州阿尔塔蒙特山口的风力田是世界上最大的风机田。在那里，有几千台风车在工作，总装机容量达67万千瓦。这片风机田的收获，占美国风力发电总能的40%，成为美国大力发展风能的关键。

利用风来采暖的技术

风通常带来的是凉爽和寒冷。唐诗中有"日暮秋风起""静听松风寒"等诗句，都是描写风的凉爽和寒冷的。但风作为一种自然能源，从能量转换角度来说，它能产生机械能、热能和电能。北风凛冽，寒潮袭来之时，正是风力强劲，利用风能采暖的好时候。

将风能转换为热能，一般可通过以下三种途径。

（1）经电能转换为热能：风能→机械能→电能→热能。

（2）通过热泵：风能→机械能→空气压缩能→热能。

（3）直接转换：风能→机械能→热能。

前两种是三级能量转换，后一种是两级能量转换，风轮轴输出的机械动力直接驱动致热器。转换次数越少，能量损失也就越小。所以由风能直接转换成热能，而不经过发电环节，越来越受到各国的重视。在日本、北欧、北美一些

地区，制造了一种称为"风炉"的设备，已经投入使用。

实现直接热转换的致热器，有以下几种：固体摩擦、搅拌液体、挤压液体和涡电流式。

（1）固体摩擦致热：是由风轮输出轴驱动一组制动元件，在固体表面摩擦生成热，并加热液体。这种致热方式缺点很大，元件在摩擦生热的同时，磨损较大，需要定期更换维护致热元件。

（2）搅拌液体致热：风力和动力输出轴带动搅拌转子旋转，使流体做涡流运动，产生动能，由流体动能转换成热能。这种方式的优点很多，例如致热器比较简单、容易制造、可靠性高、投入少、普通水就可以做吸热工质等。

（3）挤压流体致热：风力机动力输出轴带动液压泵，将工作流体（一般为油）加压，把机械能转换成流体压力能，再让流体从小孔高速喷出，在很短的时间内压力就转换成流体动能。再由流体动能转换成热能。

（4）涡电流致热：这种致热方式转换能力比较强。

风能直接热转换的效率高，用途广，除了提供热水，也可作为采暖和生产用热的热力来源。如野外作业场所的防冻保温、水产养殖等。近几年来，这项技术在一些国家发展很快。日本已发表多项风能直接热转换的专利技术，并建立风热转换实验装置。1982 年日本在北海道安装了一台风能直接热转换系统，称为"天鹅号"风炉。该系统风轮直径 10 米，致热器采用流体挤压式，液压泵转速为 191 转/分钟，生产温度达 80℃的热水供应一家饭店的浴池。

通过一些国家的试验，风能直接热转换已展现出美好的前景。

什么叫风力田

风力田，就是指在同一场地上安装几十甚至上百台风力发电机组并联在一起，通过电子计算机控制，共同向电网供电的风能利用方式。科学家们认为，在一块土地上"种植"风力发电机，同种植农作物一样也有"收获"，甚至收获更大一些，所以称为"风力田"或"风力农场"。

1978 年，美国最早提出风力田的概念。一年以后，在加利福尼亚州旧金山附近建起一座风力田，它由 20 台 50 千瓦风力发电机组成，总容量为 1 兆瓦。后来，加利福尼亚州又陆续建成十几座风力田，其中最大的一座由 600 台风力发电机组成，总装机容量达 30 兆瓦。到 1985 年 8 月，美国风力田的总装机容量已达 620 兆瓦，年发电量达 6.5 亿千瓦小时（1 千瓦小时 = 1 度）。加利福尼亚州的风力田装机容量占美国风力发电机容量的 95%，占全世界的 75%。

美国风力田中绝大部分采用单机容量为 50 ~ 200 千瓦的风力发电机组。研究认为，这种中等功率机组并联发电的方式，比用大型机组并网发电更有利。兆瓦级大型机组技术比较复杂，一旦发生故障，不但要停止供电，而且维修费用也很高。如美国 Mod-2 型 2500 千瓦风力发电机，因一次风轮控制系统失灵造成巨大的损失，仅维修费就达 50 万美元。但如果采用中等功率机组并联发电，即使个别机组发生故障，也不会影响整个系统运行，维修费也不高。由于采用中等功率机组并联发电的技术不复杂，又经济实惠，所以目前一些国家已停止了大型机组发展计划，转向中型机组的开发利用。

中国从 1985 年开始在山东半岛、福建平潭岛建立小规模示范型风力田，选用国产中型机组和引进先进机型，取得了良好的效果。后来又在新疆、东南沿

海一带建立了风力田。

发展风力田的先决条件是当地的风能资源丰富，风力发电机在设计风速下，全年运行时数不低于 2500 小时，安装地点的年平均风速不低于 7.2 米/秒，或 10 米/秒。其次，风力田必须和电网或常规电站并联运行，一般电网容量应比风力田装机容量大 10 倍，以保证风力田发电的稳定性，才不会引起电网供电出现大的波动。

总之，风力田是风力发电的发展方向，是未来大规模开发利用风能的主要形式。

海洋的能源探寻
——海洋能

人类对于海洋的好奇心是自古就有的，海洋能源经过人类的辛勤探索和智慧开发逐渐形成一种新的能源来源基地。海洋中所存在的能源众多，比如利用海水发电，海洋中的水可以说是取之不尽用之不竭的。海洋资源及其开发在能源日益紧张的今天已经成为了世人瞩目的焦点。

海洋能源库

波 浪 能

波浪能是指海洋表面波浪所具有的动能和势能。波浪的能量与波高的平方、波浪的运动周期以及迎波面的宽度成正比。波浪能是海洋能源中能量最不稳定的一种能源。台风导致的巨浪，其功率密度可达每米迎波面数千千瓦，而波浪能丰富的欧洲北海地区，其年平均波浪功率也仅为 20～40 千瓦/米。中国海岸大部分的年平均波浪功率密度为 2～7 千瓦/米。

波浪发电是波浪能利用的主要方式。此外，波浪能还可以用于抽水、供热、海水淡化以及制氢等。波浪能利用装置大都源于几种基本原理，即利用物体在波浪作用下的振荡和摇摆运动，利用波浪压力的变化，利用波浪的沿岸爬升将波浪能转换成水的势能等。经过 20 世纪 70 年代对多种波能装置进行的实验室研究和 80 年代进行的实海况试验及应用示范研究，波浪发电技术已逐步接近实用化水平，研究的重点也集中于 3 种被认为是有商品化价值的装置，包括振荡水柱式装置、摆式装置和聚波水库式装置。

根据调查和利用波浪观测资料计算统计，我国沿岸波浪能资源理

论平均功率为 1285.22 万千瓦，这些资源在沿岸的分布很不均匀。台湾省沿岸最多，为 429 万千瓦，占全国总量的 1/3。其次是浙江、广东、福建和山东沿岸约为 706 万千瓦，约占全国总量的 55%，其他省市沿岸则很少，仅为 14 万～56 万千瓦，广西沿岸最少，仅 8.1 万千瓦。

全国沿岸波浪能源密度（波浪在单位时间内通过单位波峰的能量分布）以浙江中部、台湾、福建省海坛岛以北，渤海海峡为最高，达 5.11～7.73 千瓦/米。这些海区平均波高大于 1 米，周期多大于 5 秒，是我国沿岸波浪能能流密度较高，资源蕴藏量最丰富的海域。其次是西沙、浙江的北部和南部，福建南部和山东半岛南岸等能源密度也较高，资源也较丰富，其他地区波浪能能流密度较低，资源蕴藏也较少。

根据波浪能能流密度及其变化和开发利用的自然环境条件，首选浙江、福建沿岸地区为重点开发利用地区，其次是广东东部、长江口和山东半岛南岸中段。也可以选择条件较好的地区，如嵊山岛、南麂岛、大戢山、云澳、表角、遮浪等地，这些地区具有能量密度高、季节变化小、平均潮差小、近岸水较深、均为基岩海岸且岸滩较窄、坡度较大等优越条件，是波浪能源开发利用的理想地点，应作为优先开发的地区。

海流能

海流能是指海水流动的动能，主要是指海底水道和海峡中较为稳定的流动以及由于潮汐导致的有规律的海水流动。海流能的能量与流速的平方流量成正比。相对波浪而言，海流能的变化要平稳且有规律得多。潮流能随潮汐的涨落每天两次改变大小和方向。一般说来，最大流速在 2 米/秒以上的水道，其海流能均有实际开发的价值。

海流能的利用方式主要是发电，其原理和风力发电相似，几乎任何一个风力发电装置都可以改造成海流发电装置。但由于海水的密度约为空气的 1000 倍，且装置必须放于水下，故海流发电存在一系列的关键技术问题，包括安装

维护、电力输送、防腐、海洋环境中的载荷与安全性能等。此外，海流发电装置和风力发电装置的固定形式和透平设计也有很大的不同。海流装置可以安装固定于海底，也可以安装于浮体的底部，而浮体通过锚链固定于海上。海流中的透平设计也是一项关键技术。

我国沿岸潮流资源根据对 130 个水道的计算统计，理论平均功率为13 948.52万千瓦。这些资源在全国沿岸的分布，以浙江为最多，有37 个水道，理论平均功率为 7090 兆瓦，约占全国的1/2 以上。其次是台湾、福建、辽宁等省份的沿岸也较多，约占全国总量的42%，其他省区较少。

根据沿海能源密度，理论蕴藏量和开发利用的环境条件等因素，舟山海域诸水道开发前景最好，如金塘水道、龟山水道、西侯门水道，其次是渤海海峡和福建的三都澳等，如老铁山水道、三都澳三都角。以上海区均有能量密度高，理论蕴藏量大，开发条件较好的优点，应优先开发利用。

盐 差 能

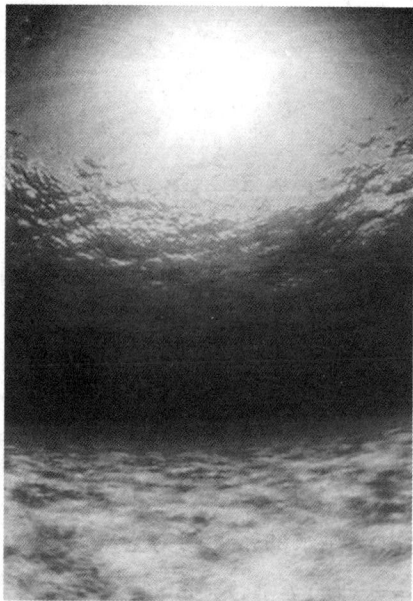

盐差能是指海水和淡水之间或两种含盐浓度不同的海水之间的化学电位差能。主要存在于河海交接处。同时，淡水丰富地区的盐湖和地下盐矿也可以利用盐差能。盐差能是海洋能中能量密度最大的一种可再生能源。通常，海水和河水之间的化学电位差相当于 240 米水位差的能量密度。这种位差可以利用半渗透膜（水能通过，盐不能通过）在盐水和淡水交接处实现。利用这一水位差就可以直接由水轮发电机发电。

盐差能的利用主要是发电。其基本方

式是将不同盐浓度的海水之间的化学电位差能转换成水的势能，再利用水轮机发电，具体主要有渗透压式、蒸汽压式和机械—化学式等，其中渗透压式方案最受重视。

将一层半透膜放在不同盐度的两种海水之间，通过这个膜会产生一个压力梯度，迫使水从盐度低的一侧通过膜向盐度高的一侧渗透，从而稀释高盐度的水，直到膜两侧水的盐度相等为止。此压力称为渗透压，它与海水的盐浓度及温度有关。渗透压式盐差能转换的方法主要有水压塔渗压系统和强力渗压系统两种。

我国海域辽阔，海岸线漫长，入海的江河众多，入海的径流量巨大，在沿岸各江河入海口附近蕴藏着丰富的盐差能资源。据统计我国沿岸全部江河多年平均入海径流量为 $1.7 \times 10^{12} \sim 1.8 \times 10^{12}$ 立方米，各主要江河的年入海径流量为 $1.5 \times 10^{12} \sim 1.6 \times 10^{12}$ 立方米，据计算，我国沿岸盐差能资源蕴藏量约为 3.9×10^{15} 千焦耳，理论功率约为 1.25×10^{8} 千瓦。

海 底 燃 料

在这个能源日益紧张的世界，人们越来越多地寄希望于海洋，提出了各种各样开发和利用海洋能源的计划，其中有不少是令人信服和切实可行的。

在众多的发明和设想中，有科学家毫华德·A. 威尔可博士的一份颇为吸引人的计划：在广阔的海洋空间中种植"燃料"，开辟无数的能源种植场。

种植什么呢？海带。人们在知道了海带的诸多用途之后，最近它又作为可以代替天然气甲烷的潜在能源，引起了海洋科学家和一些工业家的兴趣。海带能够吸收和储存大量的太阳能，而且生长极快，每天可长出1/3或2/3。

威尔可博士提出："我们可以把海带移植到大洋中去，在那里种植和收获，并且将海带所储藏的能量变为甲烷气和乙醇，用来开车或开飞机。"他说干就干，很快做出了一个3公顷面积的种植场的计划，并充当了这项计划的负责人。他与另一位热心此项工作的美国加州工业学院的诺尔教授一起，于1974年在太

平洋上建立了第一个能源种植场。

这个种植场位于距离美国加州海岸 96 千米的不冻洋面上，他们移植了当地产的百余种海带中的一种大型海带巨藻的幼苗。在实际工作中他们遇到了不少问题，首先就是植物生长需要阳光，而在深暗的海洋底部光线极暗，移植的巨藻幼苗如何得到充足的阳光呢？人们想出了办法：建造一个木筏，筏上用聚丙烯绳索织成方格，把筏系留在水面 2 米处，并用长绳把筏固定住。

然后，由一小队海军把巨藻幼苗移植到水下的筏上，使之感到海洋变浅了。

人们高兴地发现，巨藻幼苗一旦固定下来，就开始朝着光线向上生长。

当它长到水面，一片片由小气囊支持的藻叶就像条条滑滑的绸带，在阳光照射下的海水中漂荡。这时，藻叶开始进行光合作用，悄悄地把太阳能转化成了化学能。

然而过了些时日，在定期检查中，人们发现这些植物生长得并不茂盛，它们似乎只是在挣扎着过活。这是什么原因呢？化学试验的结果表明，蓝色海水中的营养物质太少了！湛蓝的大洋深海，看起来非常美，但却是"生物的沙漠"，它缺乏维持生物生命的养料，几乎没有什么动植物能够在那里生活下去，因此也就没有任何生物在那里死亡和分解，结果使得那儿的海水十分"清洁"，没有有机物，也没有能够作为营养的那些矿物质。而靠近陆地的、呈现着绿色的海域，则挤满了各种各样的生物，以及数不清的活的和死的有机体，泻入海洋的河水又带来了大量已溶的有机物和无机物，这就使在水中生长的植物能够得到充足的养分，繁茂地生长起来。

怎样才能使藻幼苗在"生物的沙漠"中也蓬勃生长呢？唯一的办法就是施肥，包括氮肥、磷肥和微量养料。这些肥料在海洋底部是能够找到的。若干世纪以来，不少分散的动植物残留遗体浮流而来，沉积在海底，如果用泵把它们抽上来，不就变成免费的肥料了吗？

海底"黑金"（石油资源）

海洋深层有一种叫"黑金"的宝，开采这种"黑金"，经济价值最大。它就是从海洋深层喷出来的石油。

关于石油的称谓很多，有人称它为"动力之源"，有人称它为"机械之母"，有人称它为"工业的血液"，可见它的地位和作用不同一般。石油不仅是制造汽油、煤油、柴油等燃烧物的原料，而且是制造合成纤维、人造橡胶、化肥、塑料、酒精的原料。天上飞的，地下跑的，厂里转的，都要用上它。可以这样说，从陆地到海洋，从地下到宇宙空间，从吃的到穿的，都有它一份功劳，可谓"宝中之宝"。陆地上的石油储量有限，用一点少一点，按现在这个规模开采下去，曾有人估计，到 2000 年将用完全部储藏石油的 87%，50 年内可能全部用光。许多国家都在谋求别的出路。比如改用其他原料作为动力，但无论如何，短时间内，石油还是不可缺少的。眼前的办法只有两个：一个叫节流，一个叫开源。节流就是节约能源，让每滴石油充分发挥作用；开源就是寻找新的油源，从地底深层取出更多的石油。据法国研究所估计，世界石油资源的极限数为 10 000 亿吨，可采石油储量的极限数为 3000 亿吨，其中海洋石油为 50 亿吨，占总量的 45%。陆地上的石油已经开采得差不多了，所以开采海洋石油，显得更为重要。

海潮、海浪和海流，气势磅礴，奔流浩荡，人们能直接感受到它们的威力。

海洋热能

海洋中的热能——海水温度差能，它的热情和力量默默地包含在全世界 145 亿亿吨的海水中，虽然一时不能被人们所发现和理解，可是它内在的魅力终究深深地吸引了人们。100 年来，多少人为海洋热能的研究倾注了毕生的精力。特别是近 30 多年来，更多的学者和工程师加入了对海水温差能开发利用的

行列，决心要让蕴藏量名列海洋能前茅的海水温差能也来为人类造福。

海洋像个热水瓶，可以把热量储存起来，可海洋毕竟不是热水瓶，因为海水温度是随着水深而变化的。这种变化可分为三层：第一层是从海面到深度 60 米左右，称作表层。这一层海水表面吸收太阳的辐射能，且受到风浪的影响使海水互相混合。因此，这一层海水温度变化比较小，水温在 26.7℃左右；第二层为水深 60～300 米，由于海水温度随着深度增加而急剧递减，海水温度变化较大，称作主要变温层；第三层深度在 300 米以下，称为深层海水，这一层海水因为受到极地流来的冷水影响，温度降低为 4℃左右。再往下到 1500 米深处时，水温几乎就没有变化了，常年维持在 -1～2℃。

赤道附近的海水受到太阳的直射而变热，除了蒸发而散发到大气中的能量外，还有将近 13% 的太阳能以热的形式被海洋吸收而储藏起来。这样，在赤道海域中海洋热能的收支平衡就遭到了破坏，出现了吸收多于放出的现象。

而在极地海域情况正好相反，是放出多于吸收，这就在整个地球上形成了新的热量平衡。这种新的热量平衡，是通过赤道海域不断向极地海域输送能量而建立起来的；而在极地海域，受冷的海水密度增大下沉到深处，再流向赤道海域。这种循环形成了海水垂直面上的水温变化，也为人类从海洋中取得能量创造了条件。科学家告诉我们，不要小看表层海水和深层海水相差 20℃的温差，它正是人类寄以莫大希望的巨大能量之源。

法国是海水温差能利用的故乡，早在 1861 年，著名的法国科学幻想小说作家儒勒·凡尔纳，就幻想利用海水中储藏的太阳能了。1881 年法国科学家德尔松瓦第一个提出了温差发电的方案，他认为稀硫酸的水溶液在锅炉内加热到 30℃所产生的蒸气压，与在冷凝器内冷却到 15℃所产生的蒸气压，两者在温差为15℃的条件下，它们的蒸气压力差约为两个大气压，这个蒸气压力差就可以用来做功。在自然界中，要寻找温差为15℃的热源和冷源是十分容易的，如温泉的水和河里的水就可能相差15℃，海洋表层的水和深层的水也可能有15℃以上的温差。他的设想提出以后，美国、意大利和德国的科学家为实现这个设想进行了不懈的努力，但都没有获得成功。整整过去了45年，直到1926年，才有人第一次用实验证明了德尔松瓦设想的正确性。证明这个设想正确性的人，是他的学生——法国物理学家克劳德和工程师布射罗。

1926年11月15日，克劳德和布射罗当众进行了温差发电的实验。他们取来两只烧瓶，在其中一只烧瓶中装入28℃的温水，代表表层温热的海水作为热源；另一只烧瓶里则盛放冰和水的混合物，使温度恒定在0℃，代表深层的低温海水作为冷源。在连接两个烧瓶的一段粗玻璃管中，安装着一台十分精巧的汽轮发电机，组成了一个封闭的发电系统。

实验开始，当克劳德用抽气机把这个系统中的空气抽光，使内部的气压下降到原来的1/25时，28℃的温水居然猛烈沸腾起来，水蒸气的强大气流，把汽轮发电机冲得飞转，霎时间，连接在电路中的三盏电灯一下子亮了起来。终于使利用海水温差发电的设想，变成了看得见摸得着的事实。

那么，克劳德为什么要用抽气机把实验系统中的空气抽光呢？

原来，水有一个特点，就是压力不同，沸腾时的温度也不同。压力降低，水沸腾的温度低于100℃。压力越低，水的沸点越低。比如，在1/8气压下，水的沸点是50℃，而在1/80的气压下，水的沸点是10℃。

克劳德抽光了实验系统里的空气，使内部压力大大降低下来，于是，尽管海水的温度只有28℃，却沸腾起来，大量的蒸汽成了可以做功的动力，三盏电灯也因而能够亮起来。

这三盏灯的明亮，为人类指明了方向。温热的海水已为寻找新能源的人们带来新的希望。据科学家预测，全球热带海洋的水温只要下降1℃，就能释放出1200亿千瓦的能量。

日本的科学家说，只要把日本海域内的热能利用起来，再根据1975年日本

消耗能量的情况来分析，这些热能可以供 24 个日本同时使用，到那时，其他形式的发电厂就可以关门休息了。

我们可以说，海洋的温差能居于海洋各种能源之首，因此，极大地吸引了各国的科学家，他们投入了大量的人力物力研制生产海洋温差发电装置。

最初人们设计了一种水温差发电站，是将海水直接引进保持真空的汽锅，由于真空锅内气压很低，进入真空汽锅的海水就可以沸腾蒸发变成蒸汽，然后通过专门设计的低压、低温汽轮机，带动发动机发电。通过汽轮机的蒸汽被引入由深层低温海水冷却的冷凝器，再重新凝结成水。

用这种方法虽然可以发电，但是，在建设和安装深层输水管道方面有很多困难。所以，有人对这种方法加以改进，将海水引入一个太阳能加温池，使海水加温到 45 ~ 60℃，甚至达到 90℃，然后再将温水引进真空的汽锅蒸发，进行发电。改进后的温差发电站，是将海边和水库里的水冷凝，这样就可以解决在海底安装输水管道的困难。

热带海面与中层海水的温差很大，最适宜采用这类发电装置。1979 年 5 月

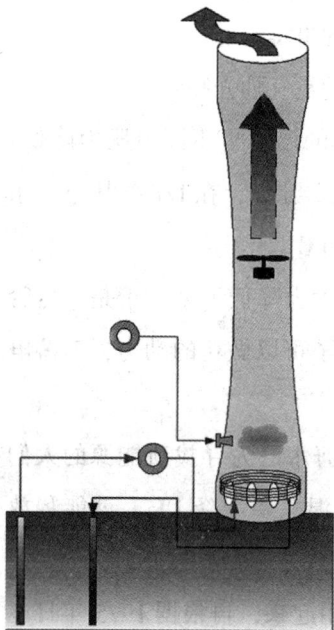

29 日，世界上第一座海水温差发电站，在美国的夏威夷成功投入运行，为岛上居民、车站和码头供应了照明用电。夏威夷岛在太平洋中部，地处北纬 20℃，附近海域的表层海水温度常年很高，冬季为 24℃，夏季为 28℃。在离岸只有 12 千米的地方，水深 400 米处就可获得 10℃ 的冷海水，水深 800 米处就有 5℃ 的冷海水，为海水温差发电提供了极为优越的自然条件。这座海水温差电站安装在驳船型的海上平台上，平台锚系在夏威夷岛东部约 24 千米的海上。装机容量在 1000 千瓦以上。世界上第一座海水温差发电站的建成和正常运行，不但证明了海水温差发电技术的可行性，并且提供了大量丰富的实践经验，还标志着海水

温差发电已经开始从试验性发电转向大规模的开发利用阶段，夏威夷的海水温差发电站是海水温差发电史上的又一里程碑。它为 21 世纪新能源的开发指明了方向。

利用海水温差发电，不仅可以获得电能，而且还可以获得很多有用的副产品。如海水蒸发后留下的浓缩水，用它可以提炼许多化工产品；水蒸气冷凝后可以变成大量淡水或廉价的冰，这些可以满足沿海工农业生产的需要。

利用海水温差发电将使人类生活更加多姿多彩，并在能源领域大放异彩。

海底蕴藏着大量能源矿藏

海底的轮廓与构造，从浅到深依次是大陆架、大陆坡、大洋底和深海沟，都蕴藏着丰富的矿产资源。

在海岸区沙质的海洋带上，平沙漠漠，一望无际。那闪闪烁烁的海沙、砾石，便是我们建筑中离不开的重要施工原料。世界上最硬的金刚石，工业上有广泛用途的石英，很多都来自这海沙和砾石。

离开海岸带就是大陆架浅海区，有一种呈浅褐色或黑色的磷钙石结核的物质，十分坚硬，其中含有 22% ~29% 的五氧化二磷，可用做肥料和化工原料。大陆架表层的沉积物中蕴藏着海绿石、绿石沙、橄榄石、磁铁矿、钛铁矿。

在大陆坡和大洋底的深海区，是一个终年见不到阳光的黑暗世界，这里布满着颗粒极细的红棕色软泥，单以抱球虫软泥来说，其中碳酸钙含量高达 95%，它是制造水泥的良好原料。此外，这些软泥中还含有丰富的铀、铁、锰、锌、铜、铝、银、金等。

此外，在大洋底蕴藏着十分丰富的锰结核的物质，其总量有 2 万亿 ~3 万

亿吨，至于海底下矿产中的石油、天然气储量就更不计其数了。

地质测绘表明，在俄罗斯北极地区和远东地区的大陆架地带存在着很多的金属和其他矿床；在亚库丁海湾、斯威亚托罗周围、米特拉普特夫海峡、大列科夫斯基岛海域的南部都有着极其丰富的矿床。在阿拉斯加西海岸，已发现有很多的海底银矿；在美洲北海岸有着大量的白金，在白令海峡阿拉斯加最西端，在诺姆湾和科迪皿克岛和朱诺附近已发现有丰富的金矿。在海底沙中，多种稀有金属也富集到了能够开采的数量和品位。在澳大利亚东南海岸、北美大西洋沿岸及非洲等地发现有大量的金红石和氧化钛；特别是澳大利亚的金属矿砂可供应发达国家总需要量的93%，占世界金红石产量的70%。世界所消耗的锆的精矿沙的77%来自澳大利亚的浅海沙。海底锡矿主要产区在马来西亚、印度尼西亚、泰国及阿拉斯加的沿海各地以及英国西南沿海的康沃尔；海底磁铁矿主要产区在黑海、日本南部的九州岛附近，在有明湾的海区则有着世界上最大的磁铁矿，储量在17亿吨以上。

南非是金刚石的典型产区。20世纪60年代，一位美国科学家组建了海底金刚石开采公司，他们在一艘救援拖轮上装上起重机和抓斗，把海底泥沙抓上来，经冲洗、筛选，终于找到了几颗金刚石。不久，他们改装了驳船，从船上伸下一根喷水管，搅动海底的泥沙，再用一根直径30厘米的管子把泥沙吸上来，终于取得惊人成绩，从每746千克矿砂中，平均获得4克拉（1克拉＝200毫克）金刚石。此后，他们建成了大型采矿船，每小时可吸沙300吨，如今又有了全自动采钻船，能从30米深的海底吸取矿砂，每天可从中获取700克拉合格的金刚石。

这些年来，几乎所有的国家对建筑材料的需要大增，特别是水泥、沙、石子，人们在旧金山湾、澳大利亚海滨采取珊瑚用来生产水泥。英国每年需1亿吨填充料，早在 1968 年就有 10% 取自海底。瑞典仅 1968 年从厄伦海峡的浅海中就开采了 60 余万立方米的建筑用沙，美国、法国、德国各在大西洋、太平洋沿岸、运河、波罗的海开采沙矿和石子矿。各国由于对重要原料磷的需要，特别是化肥工业的急切需要，企图在海底获取磷矿层的措施在不断加强，并发现在加利福尼亚的西海岸、墨西哥湾的东岸及南非的西海岸，有着大量的磷矿层；在日本海大陆架也发现有大的磷钙石矿，并已着手开采。

其实，早在 100 多年前，人们已开始从海底挖掘矿藏了，只是那时开采技术与方法很简陋与落后罢了。英国曾在北海和爱尔兰海底 100 多米深的地方开采煤层；1878 年，日本在九州岛海底也开采了大量的煤。日本和英国的矿井开采情况不同，日本采的矿是"湿式"的，从海底矿山采 1 吨煤的同时要排出 15 立方米的水来。由于英国和日本陆地上的煤矿很少，他们所需的煤有 10% ～ 30% 是从海底煤矿中获取的。

海底矿藏的开采方法与陆地上基本相同，只要增加水利建筑便可，通常是使用一个游动组件，里面装有链式多斗挖掘机和抓斗式挖掘机及同类型的水力挖掘机等。正在发展着的水力挖掘机有四种输送种类，这便是纯泵吸式、通过压缩空气来输送、靠高压水往上输送和水汽输送。为了从波罗的海和俄霍次克海的海岸带沙中提取钛，俄罗斯科学家们曾发明了一种简单的方法，一台吸泥机每小时可输送 2 万立方米的岸沙。沙中主要含钛铁矿，其主要组成为顺磁性的钛和铁磁性矿砂，用电磁铁从沙中吸引出来，其开采价格较之陆地还便宜一半以上。随着科学技术的发展，从海底开采矿藏的方法将会变得更加先进与简易。

让人垂涎的海底石油

海底石油滚滚来，这话一点儿不假。国外科学家估计，海底石油的储量约有1300亿吨，占世界石油总储量的45%，而且新的海底油田还在不断地被发现着。

海底石油是怎样形成的？众所周知，石油的主要成分是碳氢化合物，它是生物死亡后被埋入沙里，在一定的温度与压力作用下，被一种无氧细菌分解成淤泥，经过漫长的岁月，淤泥日渐加厚而形成的。海洋中生物的数量之多，极为惊人。有人估计，欧洲北海区在300年内的捕鱼量就可形成相当于喀尔巴尔山北麓的加里西亚油田的储油量，而这些鱼仅仅是一海区鱼类的极小部分。何况形成石油的主要原料，并不是鱼类的残骸，而是肉眼无法观察到的海洋微生物，它们不仅数目惊人，繁殖速度更是令人瞠目结舌。据估计，在世界海洋表面100米厚的水层中，浮游生物在一年内能生产出600亿吨的有机质。当然，这么多的有机质不可能都被埋入沙中，它们中很大一部分都成了其他生物赖以生存的食物，只有剩余的一部分作为形成石油的"原料"被埋入沙中。科学家们估计，大陆架浅海区只能得到这些有机质的2%，而深海区则只有0.2%左右，而这些数量的有机质已足以使海底成为巨大的石油库了。

对石油的生成曾有过火山成因说，认为石油是由矿物生成的。火山爆发时喷出的大量可燃物体

与油井中所产生的气体相似，但在考察中发现，火山活动地区极少能找到石油。为此，这一学说便渐渐销声匿迹了。不久前，美国海洋学家在墨西哥加利福尼亚湾的海底发现了一座奇特的海底油田，它是从海底热水喷出口喷出的，它的形成与火山活动密切相关，而且这里的石油只需 1000 年便形成了，这个时间只是地质历史的一瞬间。加利福尼亚湾海底油田的发现，又使火山成因说重新活跃起来。目前科学家们还在进一步考察，以查明石油形成需要怎样的温度与压力，以及究竟需要多少时间，形成中需要哪些条件。

智慧的人们对海底油源一直在想方设法进行挖掘、开采。早在 1891 年，人们就在美国南加利福尼亚的海区，从沿岸栈台开始钻探那沉睡的油海。到 1946 年，美国建设了海上钻探平台，率先打出世界上第一口海底油井。1968 年，世界海底石油日产量就达到 76 万吨，约占世界石油总日产量（484 万吨）的 16%。20 世纪 60 年代，世界有 25 个国家在寻找海底油田，12 个国家在海上开采石油。80 年代，在海底寻找石油的国家超过 100 个，由于勘探钻井技术的进步，钻井深度也从 1965 年的 193 米提高到 1979 年的 1486 米，到 1982 年，海上钻井多达 28 615 口。今天更是成倍增加着，单波斯湾和墨西哥湾地区的海上钻井一昼夜就可产油 10 万～20 万吨。

随着科学技术的不断发展，采油设备与方法在不断创新。以往海底石油开采用建造固定平台的办法，如英国北海的福蒂斯油田，这种平台最大的缺点是只适宜在水深 300 米以下的海底采油；消耗钢材大、耗资昂贵；由于平台的支柱立于海底，往往经不起深海区风浪与激流的冲击，极易招致严重事故。为寻找能在更深的海底开采石油的方法，减少开支和保证开采安全，科学家们找到一些有效的海底采油方法，其中之一便是采用海底钻探钟，它是形如大钟的密

封容器，内有陆用钻机和其他钻探设备，可容纳 2 名潜水员进行工作。密封容器的底部是周围突出的三角形平面底座，底座的三角各有一只可以上下调节的圆形支撑脚，由水面母船把潜水钻探钟运至作业水域，沉入海底，通过"脐带"从母船上向钟内输送空气与电力。最近日本研制出了一种"海底石油生产系统"，主要是把原来安装在平台上的井口放置到海底，去掉复杂的海上平台设施，从海底石油生产基地的建设到操作所有的设备，都在海面上遥控指挥。采上来的石油通过油管输往海面的油轮，如遇到台风，就把输油管道切断，台风过后再连接起来。这一系统可用于开采 200～900 米深的海底油田，而建设费用只及海上平台的一半，甚至更低。英国正在研制叫做"深海采油工"的海底采油装置，采油设备安装在 5 个并排相连的圆筒里，有的圆筒里设有工作人员居住室，可容纳 50 位工作人员在水下工作与生活两周，可在 200～1000 米深的海底开采。此外，为了使海底设备在没有潜水员的条件下也能顺利开展工作，便有了"水下万能机器人"、无人深潜器和潜艇，海底采油便可交给它们来完成。

中国海洋石油资源也十分丰富，海底石油开发从 20 世纪 50 年代便开始了，70 年代起与国外合作。特别是改革开放后，给中国海底石油工业的发展更是带来勃勃生机。如今，中国已使用多项世界上最先进的石油开发技术与装备，海底石油开采的前景十分广阔，因为海底油库的大门已被打开。

如何利用潮汐能

潮汐能是一种不消耗燃料、没有污染、不受洪水或枯水影响、用之不竭的再生能源。在海洋各种能源中，潮汐能的开发利用最为现实，最为简便。

发展潮汐能可以间接使大气中的二氧化碳含量的增加速度减慢。潮汐能的

利用方式主要是发电。潮汐发电是利用海湾、河口等有利地形，建筑水堤，形成水库，以便于大量蓄积海水，并在坝中或坝旁建造水力发电厂房，通过水轮发电机组进行发电。只有出现大潮，能量集中时，并且在地理条件适于建造潮汐电站的地方，从潮汐中提取能量才有可能实现。

潮汐发电与普通水力发电原理类似，通过出水库，在涨潮时将海水储存在水库内，以势能的形式保存，然后，在落潮时放出海水，利用高、低潮位之间的落差，推动水轮机旋转，带动发电机发电。而差别在于：海水与河水不同，蓄积的海水落差不大，但流量较大，并且呈间歇性；潮水的流动与河水的流动不同，它是不断变换方向的，潮汐发电有单池单向发电、单池双向发电和双池双向发电3种形式。据海洋学家计算，世界上潮汐能发电的资源量在10亿千瓦以上，其能源也是一个天文数字。

到目前为止，潮汐能是海洋能中技术最成熟和利用规模最大的一种。全世界潮汐电站的总装机容量为265兆瓦。

由于常规电站廉价电费的竞争，建成投产的商业用潮汐电站不多。然而，由于潮汐能蕴藏量的巨大和潮汐发电的许多优点，人们还是非常重视对潮汐发电的研究和试验。

世界上适于建设潮汐电站的20几处地方，都在研究、设计、建设潮汐电站。其中包括美国阿拉斯加州的

库克湾、加拿大芬地湾、英国塞文河口、阿根廷圣约瑟湾、澳大利亚达尔文范迪门湾、印度坎贝河口、俄罗斯远东鄂霍茨克海品仁湾、韩国仁川湾等地。随着技术进步，潮汐发电成本的不断降低，进入21世纪，将不断会有大型现代潮汐电站建成使用。

中国潮汐能的理论蕴藏量达到1.1亿千瓦，在中国沿海，特别是东南沿海有很多能量密度较高，平均潮差4~5米，最大潮差7~8米。其中浙江、福建两省蕴藏量最大，约占全国的80.9%。中国的江夏潮汐实验电站，建于浙江省乐清湾北侧的江夏港，装机容量3200千瓦，于1980年正式投入运行。

从总体上看，现今潮汐能开发利用的技术难题已基本解决，国内外都有许多成功的实例，技术更新也很快。

开发潮汐能的探究

海洋潮汐现象，无论发生在什么地方，总是从两个方面表现出来。一方面是海面的高度发生不断的变化，即海水垂直方向上的升降运动，时高时低的海面使海水具有位能。另外，汹涌的潮水，排空而来，即海水向水平方向的运动，流动的海水又产生动能。而海水的涨落和潮流的流动，永远是一起产生、一起存在、一起变化、不可分离的。

潮位的涨落和潮流的流动，使海水中蕴藏着巨大的势能（位能）

和动能，这就是可以开发的一种海洋能——潮汐能。潮汐能是取之不尽的。据科学家估计，地球上的潮汐能有 30 亿千瓦，其中可以开发的电量为 2200 亿千瓦时。地球上因潮汐涨落而没有被利用的能量比目前世界上所有的水力发电量还要多 100 倍！

潮汐能量的大小，受海岸地形、地理位置的影响。潮汐能在海水深度不大、狭窄的浅海港湾是相当可观的，而在三角洲河口的涌潮的能量就更为可观了。如果把举世闻名的钱塘江涌潮的能量用来发电，发电量可为三门峡水电站的 1/2。

很早以前，潮汐能就被沿海的人们用来车水、推磨、锯木和搬运重物。例如中国的太平洋沿岸和英国、西班牙的大西洋沿岸，有相当多的地方是利用涨潮落潮的水位差来推动磨车碾磨谷物的。

在中国福建泉州市的东北与惠安县交界的洛阳江上，有一座著名的梁架式古石桥——洛阳桥，它建于宋皇五年到嘉祐四年（1053—1059 年）。当我们游览参观这座至今保存完好的古桥时，一定会惊讶地提出，在 900 多年前的科学技术条件下，数十吨重的大石梁，是怎么架到桥墩上去的呢？说来很简单，当时的能工巧匠巧妙地利用了潮汐能。他们事先将石梁放在木浮排上，趁涨潮的时候，把木排驶入两桥墩之间。随着涨潮，潮水把石梁慢慢高举，当临近高潮石梁超过桥墩时，用不着花多少力气，就可以把石梁扶正对准桥墩，待落潮一到，大石梁就稳稳地位于桥墩上了。泉州的大潮潮差可达 6 米以上，对于巨大的潮汐能来说，高举大石梁简直不费吹灰之力。

以上讲的是直接利用潮汐能的方式，也就是将潮汐中蕴藏的势能和动能直接转变为另一种形式的机械能。这样的利用方式，既不方便，又大材小用。所以利用潮汐发电，将潮汐能转变成电能，是当今和未来人们奋斗的目标。

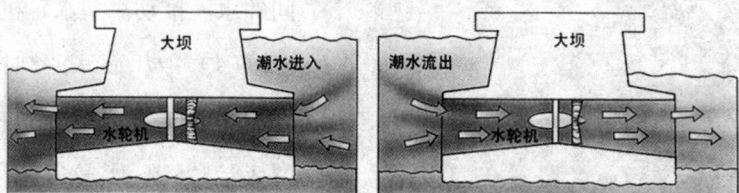

开发海浪能源

广阔的海洋，风大浪高，巨浪千里，含有巨大的能量。据估计，海浪的能量在 1 平方千米的海面上，波浪运动每秒钟就有 25 万千瓦的能量。

早在 19 世纪初，人们就对利用巨大的波浪能产生了浓厚的兴趣，直到 20 世纪 40 年代，才有人对波浪发电进行研究和试验；50 年代出现了可供应用的波浪发电装置；60 年代进入了实用阶段。

现在全世界已研制成功几百种不同的波浪发电装置，主要可归纳为 4 类。

（1）浮力式：利用海面浮体受波浪上下颠簸引起的运动，通过机械传动带动发电机发电。

（2）空气汽轮机方式：利用波浪的上下运动，产生空气流，以推动空气汽轮机发电。

（3）波浪整流方式：该装置由高、低水位区及单向阀门组成，当该装置处于浪峰时，海水由阀门进入高水位区；当它处于波谷时，高水位区的水流向低水位区，再流回海里，这种装置就是利用两水位之间的水流推动小型水轮机工作的。

（4）液压方式：利用波浪发电装置的上下摆动或转动，带动液压马达，产生高压水流，推动涡轮发电机。

波浪发电比其他的发电方式安全，不耗费燃料，清洁而无污染。如果在海岸设置一系列波浪发电装置，还可起到防波堤的作用。因此，近年来波浪发电备受世界各沿海国家的重视。各国纷纷做出规划，投资发展波浪发电，建立波浪发电站。

目前，英国和日本在波浪发电方面走在世界前列。日本的大多数航标浮筒、灯桩、灯塔等都靠波浪发电提供电源。美国海洋能技术公司近年一直致力于研究一种新的波能发电系统。据报道，他们已成功地研制出一种压电聚合物，这种聚合物在被海洋波浪拉伸时可以产生电能，这种方法可望代替传统的波浪发电系统。

从20世纪70年代中期开始，中国也开始研究波浪能发电技术，现在已经能够生产系列化的小型波浪能发电装置，以作为航标灯、浮标的电源。1985年，中国科学院广州能源研究所研制成功BD-102号波力发电装置，达到世界先进水平，受到世界能源界的瞩目。1990年12月，中国第一座具有实际使用价值的海浪发电站发电试验成功。随后，广东开始着手建造一座20千瓦的波力发电站。另外，国家还计划在山东、海南等地建造装机容量为100千瓦的波能发电站。

波浪发电的原理很简单。它是从使用打气筒给自行车打气得到启发而发明的。打气筒与海浪发电，乍看起来是风马牛不相及的事，它们之间有什么联系呢？

1898年，法国科学家弗勒特切尔认为，打气筒一拉一推的简单动作，是由人力来完成的，海水的波浪正是上下起伏运动的，这一动作为什么不能让海水的波浪来完成呢？于是，他设计了一个带有圆柱筒的浮体，用海浪的上下运动压缩圆柱筒内的空气。

弗勒特切尔的这次试验，不是利用海浪给自行车打气，而是去吹动一只哨笛，让它发出如同老牛低沉的吼声。人们把这样的浮体安装在航行有危险的地方，警告来往船只，这就是海上的"警笛浮标"，或称它是"雾号"。它是人们直接利用海浪能的初级形式。在雷达和无线电导航还没有诞生和普遍应用的年代，尤其在伸手不见五指的大雾天气，低沉浑厚、略带咽音的雾号，引导船只避开浅滩，绕过暗礁，在导航和发布大浪警报方面立下了极大的功劳。

自从警雾器诞生以来，法国沿岸、世界各个海区以及中国有些地方，都陆续装置使用，从此海浪开始了为航海服务的征程。

既然海浪在圆柱筒内造成的压缩空气能够吹响哨笛，为什么不可以驱动汽轮发电机发电呢？

实现这个设想的第一个人是法国的波拉岁奎。他于1910年在法国海边的悬崖处，设置了一座固定垂直管道式的海浪发电装置，并获得了1千瓦的电力。这次成功大大地鼓舞了热心于海浪发电的科学家们。

从此以后，关于利用海浪发电的设想如雨后春笋，不断涌现。但基本原理仍然是打气筒原理，就是利用波浪的一起一伏的上下垂直运动推动装有活塞的浮标，这个浮标就像一个倒装的打气筒。打气筒是人从上面一下一下地压活塞，而浮标则是从下面借助波浪的起伏运动一下一下地向上推活塞。由活塞与浮标的相对运动产生的压缩空气就可以推动涡轮机，并带动发电机发电。

目前，世界上已经能生产这种波浪发电的装置，并在海洋中运行。不过，这种波浪发电机的功率比较小，仅有60瓦、500瓦、1000瓦，多安装在灯塔上用于导航。

随着科学技术的发展，近年来波浪发电也有了新的进展。科学家利用在一根杆子的一端装上螺旋桨，当它浮在水面上下移动时螺旋桨就会转动起来的原理，设计了一种新型的波浪发电装置。

海浪发电装置翻新

20 世纪 80 年代以来，海浪发电技术发展很快，发电装置日新月异。下面简要地介绍一些正在试验和应用的部分装置，以求对海浪发电装置有个大概的了解。

（1）筏式：这是英国气垫船的发明者库克爱尔设计的一种海浪发电装置，所以又叫库克爱尔式。它利用漂浮在海面上的形状如同木筏的浮箱，随海浪上下运动来摄取海浪能。把几个浮箱组成一组，用活动铰链连接在一起。相邻的浮箱之间，一处安装了活塞缸体，另一处安装了活塞杆。浮箱随海浪上下颠簸时，活塞杆在缸体内来回运动，或产生气压推动汽轮发电机工作，或像水泵一样把水抽到岸边蓄水库内，然后用水库水位的落差来发电。

（2）鸭式：这种发电装置像一只浮在水面上的鸭子。它的"胸脯"对着海浪传播的方向，随着海浪的波动，像不倒翁一样不停地来回摆动，利用摆动的能量来带动工作泵，推动发电机发电。这种装置是英国坦普尔顿大学肖尔特研究所在 20 世纪 70 年代设计成功的，它可以使海浪能量的 90% 转变成动力，机械效率特别高。

（3）空气涡轮式：它的发电原理就是打气筒的原理。1978 年开始发电的日本"海明"号发电船就是这种装置，船上装有 9 台发电机组，每台机组的发电功率为 125 千瓦，总功率在 1000 千瓦以上，目前海浪发电居世界第一。

（4）"聚能"式：在岸边建筑起漏斗形的堤坝，把海浪的能量集中到一个很小的宽度上，从而激起几十米甚至上百米高的海浪。然后让这些海水涌入储水池中，以很大的流速、很大的落差推动水轮发电机组工作。在阿尔及尔沿岸已经建造了这样的海浪发电实验装置。

（5）水压式：近岸浪的压力有时可达每平方米几十吨，相当于几十米高的

水柱压力。这个压力周期性地拍击着海岸，通过安装在海底的压力传感器内的液体，将压力传递到岸上，利用液体压力驱动液压发电机发电。

（6）水轮式：这是瑞典最近公布的一种新的海浪发电方法，目前正在瑞典哥德堡查尔莫斯工业大学进行模型试验。水轮机随着海浪一高一低、一上一下变化不停地旋转，从而带动发电机发电。

目前阻碍海浪发电装置普及使用的不是技术问题，而是经济效益差的问题。通过一些国家的应用试验，每度电的费用在1美元以上，比潮汐发电还要贵几十倍，更不能同普通电站相比了。

大海闪烁的"眼睛"

黑夜，在黑沉沉的茫茫大海上，人们常常可以看到各种各样的灯光，有红、绿、蓝、橙、白、紫……有几秒钟一闪的，有一亮一暗的，也有长明不灭的。这些灯就像大海上闪烁的眼睛，也很像天空中闪烁的星星，这就是指引航向的航标灯。

航标灯装在浮体上，浮体浮在海面上，锚系在航道两侧或海上航行危险的地方。航标灯的光源，最早使用油灯，后来使用乙炔气灯，乙炔气源由液化乙炔气瓶供应，后来采用电灯。航标孤零零地漂在海上，电灯的电源先是用蓄电池、太阳能电池，后来发展到使用海浪发电的电能。

航标灯浮上的海浪发电装置为空气涡轮式。这种发电装置是由日本益田善雄发明并试验成功的，所以也称益田式海浪发电装置。他苦心研究海浪发电近40年，对各种海浪发电方式进行了大量的试验和比较，最后研制成功这种海浪发电装置，并于1965年第一次安装在航标上使用，成为世界上最初利用海浪发电成功并付诸应用的实例。经过十多年的试验和使用，装置安然无恙，效果明显，所以益田式海浪发电装置被世界各国广为采用。

海浪发电航标，主要由航标灯、灯架、空气涡轮发电机组、浮体、空气管、压铁和锚链等部分组成。其中空气管相当于"海明"号的空气活塞室，它底部开口，海水在空气管的下半部上下波动，使空气管上半部的空气排出或吸入，驱动空气涡轮发电机发电，供航标灯使用。有时还配备少量蓄电池，当白天或海浪较大，电力有余时，就向蓄电池充电，以充分利用海浪发电的电能，不致白白浪费；当海浪较小，海浪发电装置输出较小或不能发电时，航标灯可由蓄电池供电，以保证航标灯工作的可靠性。

空气涡轮发电机用空气驱动，防止了海水直接接触的腐蚀，延长了机组使用寿命。又由于整个装置几乎没有传动部件，所以故障很少，基本上不必进行修理。对发电装置的定期保养，也可以与航标的例行检修结合起来进行。所以海浪发电装置的运行费用很低。另外，还有一个极为有利的因素，就是普通航标只要稍加改造，就可以改制成海浪发电航标。总之，技术上的可行和经济上的合算，将使海浪发电航标在世界各国获得推广。

中国的海浪发电航标近几年来发展很快，例如千瓦级的海浪发电装置的研究试验、海浪发电浮体的研究试验、固定管式海浪能转换装置的研究试验等，都获得了成功，目前已进入使用阶段。

水下的"风车"——海流发电

海流发电装置的基本形式与风车、水车相似，所以海流发电装置常被称为水下"风"车或潮流水车。海流发电装置基本上有以下几种形式。

（1）轮叶式：发电原理就是海流推动轮叶，轮叶带动发电机发电。轮叶可以是螺旋桨式的，也可以是转轮式的。轮叶的转轴有与海流平行的，也有与海流垂直的。轮叶可以直接带动发电机，也可以先带动水泵，再由泵产生高压来驱动发电机组。整个装置可以是固定式的，也可以是锚系式的；可以是全潜式

的，也可以是半潜式的。虽然形式不同，但它们的原理都是相同的。

日本设计的这种形式的海流发电装置，轮叶的直径达 53 米，输出功率可达 2500 千瓦。美国设计的类似海流发电装置，螺旋桨直径达 73 米，输出功率为 5000 千瓦。澳大利亚建成的一台"潮流水车"，可装在锚泊的船上或者海上石油开采平台上，用时放下发电，不用时可以吊起来。法国设计了固定在海底的螺旋桨式海流发电装置，直径为 10.5 米，输出功率达 5000 千瓦。

（2）降落伞式：整个装置设计独特，别具一格，结构简单，造价低廉，不论流速大小，都能顺利工作。整个装置用 12 个"降落伞"组成，它们串联在环形的铰链绳上。"降落伞"长约 12 米，每个"降落伞"之间相距约 30 米。当海流方向顺着"降落伞"时，依靠海流的力量撑开"降落伞"并带动它们向前运动；当海流方向逆着"降落伞"时，依靠海流的力量收拢"降落伞"，结果铰链绳在撑开的"降落伞"的带动下，不断地转动着。铰链绳又带动安装在船上的绞盘转动，绞盘则带动发电机发电。

（3）磁流式：这种海流发电方式还处在原理性研究阶段。它的基本原理与磁流体发电原理大体相同。磁流体发电是当今新型的发电方式，它用高温等离子气体为工作介质，高速垂直流过强大的磁场后直接产生电流。现在以海水做工作介质，当存有大量离子（如氯离子、钠离子）的海水垂直流过放置在海水中的强大磁场时，就可以获得电能。磁流式发电装置没有机械传动部件，不用发电机组，海流能的利用效率很高，可成为海流发电的最优装置。

潮流发电是海（洋）流中的一种，海水在受月亮和太阳的引力产生潮位升降现象（潮汐）的同时，还产生周期性的水平流动，这就是人们所说的潮流。由于潮流和潮汐有共同的成因（都是由月亮和太阳的引力产生的）、有共同的特性（都是以日月相对地球运转的周期为自己变化的周期），因此，人们把潮流和潮汐比作一对"双胞胎"。所不同的只是潮流要比潮汐复杂一些，它除了有流向的变化外，还有流速的变化。

潮流的流速一般可达 5.5 千米/小时，但在狭窄海峡或海湾里，流速有时很大。例如，中国的杭州湾海潮的流速为 20 ~ 22 千米/小时。潮流的流速虽然很大，但因它的流向有周期性的变化，所以流不远，只是限于一定海区内往复流动或回转流动。回转流动就像运动员在运动场上练习长跑一样，只是围绕跑道不停地做圆周运动。

由于潮流的流速很大，因此潮流蕴藏有巨大的能量，可以用来发电。潮流发电的原理和风车的原理相似，都是利用潮流的冲击力，使水轮机的螺旋桨迅速旋转而带动发电机。潮流发电的水轮机有多种形式，比较简易的是潮流发电船，发出的电流通过电缆输送到陆地上。

潮流的流向是有周期性变化的，尤其是往复流动潮流流向的周期性变化更为显著。这样，安装在船体两侧的水轮机螺旋桨对称，并且方向相反，以便顺流时由一侧螺旋桨旋转发电，逆流时就由另一侧的螺旋桨旋转发电。据计算，直径为 50 米的螺旋桨，可以利用通过海水能量的 15%，当潮流流速为 13 千米/小时时，一台发电机能发出约 4 千瓦的电量。

中国在舟山群岛进行潮流发电原理性试验已获成功，试验是从 1978 年开始的。发电装置采用锚系轮叶式，螺旋桨直径 2 米，共 4 叶，双面作用对称翼型，以适应潮流的变化。发电最小流速 1 米/秒，最大流速 4 米/秒。螺旋桨水轮机带动液压油泵，正向反向都能输出高压油，高压油驱动液压油马达，液压油马达带动发电机发电。

这项试验分室内模拟、海上装船拖航发电和海上锚泊潮流发电三个阶段。现在，试验虽然在原理性潮流发电上取得了初步进展，但发电装置还有待进一步改进。

温差能的利用

海洋表层海水和深层海水之间水温之差的热能就是温差能。

世界上最大的太阳能接收器是海洋。太阳投射到地球表面的太阳能大部分被海水吸收了，使海洋表层水温升高。太阳在赤道附近直射多，其海域的表层温度为25～28℃，被炎热的陆地包围着的波斯湾和红海，其海面水温可达35℃，而在500～1000米的海洋深处却只有3～6℃。这个垂直的温差就是一个可供利用的巨大能源。在表层水温和1000米深处的水温相差20℃以上的热带和亚热带海区，这是热能转换所需的最小温差。现在一个有发展前途的计划可设法将海洋中储存的热能开发出来，这是一个相当有发展前途的计划。

把海洋中表层的温水送入一个真空室，温海水在真空室内就会沸腾产生水蒸气，这便是海洋温差发电的基本原理。不足30℃的水能产生水蒸气吗？水的沸腾温度和水周围的气压有关，压力越低，沸腾温度也就越低。当气压接近真空时，即便水温接近0℃也可以沸腾产生蒸气（水在低压状态下

产生蒸气称为"闪蒸")。因此，30℃的海水在真空下闪蒸产生的蒸气压力完全可以用来推动涡轮发电机发电。不过在用海水的温差发电时，温海水只有0.5%左右能变成蒸气，因此，为了产生足够的蒸气，发电厂必须抽取大量的海水来推动涡轮机发电。

推动涡轮机发电后需要使蒸气冷凝。为了连续发电，只有使蒸气冷凝成蒸馏水后才能留出空间，从而让后续的热蒸气源源不断地流向涡轮机。因为海洋深处的水温一般在5℃左右，我们可以把使用后的蒸气导入一个冷凝器，用从500米以下的深海处所抽上来的冷海水冷却蒸气，这就是冷凝蒸气的办法。蒸气冷却后成为相当有用的副产品——蒸馏水，它是海水淡化厂的产品——淡水。而从真空室的出口端排出的则是大部分未蒸发的温海水。

海洋温差发电主要有开式和闭式两种循环系统。在开式循环中，表层温海水由于在闪蒸蒸发器中闪蒸（在真空中快速蒸发）产生蒸气，蒸气进入汽轮机做功后流入凝汽器，然后由来自海洋深层的冷海水将其冷却。水蒸气由于在负压下工作，必须配置真空泵。这种系统结构比较简单，必须使用相当大的涡轮机，因为真空室所产生的蒸气密度较低，这样就增大了设备和管道体积，而且真空泵及抽水水泵耗功较多，发电效率肯定会受到影响。

来自表层的温海水先在热交换器内将热量传递给"低沸点"的丙烷、氨等，使之蒸发，以此来推动汽轮机做功，这是闭式循环系统和开式循环系统的有别之处。这里并不是直接利用温海水的蒸气而只是利用了温海水的热量。确实与水的沸点100℃相比，氨水的沸点低得多，只有33℃。深层的冷海水仍作为"凝汽器"的冷却介质。由于工作介质是在封闭系统中进行的，所以冷凝后

的氨蒸气再进入热交换器，以便重复使用。这种方法被称为闭式循环系统。目前由于这种循环系统不需要真空泵，因而被经常采用。

在海洋能开发利用方面十分活跃的日本，专门成立了海洋温差发电研究所，并在海洋热能发电系统和热交换器技术领域领先于美国。日本于1999年与印度联合进行的1000千瓦海洋温差发电实验船的成功，推动了该技术的实用化。

目前，海洋温差发电有可能成为解决全球变暖和缺水等21世纪最大环境问题的途径之一。它已经引起了世界各国的关注，从2004年起联合国决定进行研究海水温差发电的普及问题。虽然面临高成本等许多问题，但它作为一代新能源已引起了人们的足够重视。

开发海洋生物能

生物资源是每日照射到地球上的太阳能，被植物通过光合作用吸收，并变换成物质能量而蓄积的资源。在海洋中有海藻或水草等水生植物、单细胞微小藻类等。生物资源因为是可再生资源，如果经过适当管理，是不会枯竭的。太阳能可照射到地球上的每个角落，都有可能被利用为生物资源。另外，生物资源也是太阳能的良好储藏方式。

海洋是生命的摇篮。在海洋的表层，阳光射入浅海，这里生长着许多单细胞藻类：绿藻、褐藻、红藻、蓝藻等。它们从海水中吸取二氧化碳和盐类，在阳光下进行着光合作用，生成有营养的碳水化合物（糖类），同时放出氧在海水中形成过多的带负电的氢氧离子（OH^-）。

海洋的底层是海洋动植物残骸的集聚地，也是河流从陆地带来丰富有机质的沉积场所。在黑暗缺氧的环境下，细菌分解着这些海底沉积物中的动植物残体和有机质，形成多余的带正电荷的氢离子（H⁺）。于是海洋表层和底层的电位差产生了，实际上这是一个天然的巨大的生物电池。

从海洋生物中生产生物电池的可能性，是科学家从曾经做过的一个实验获得证实的。这个实验如下：

把酵母菌和葡萄糖的混合液放在具有半透膜壁的容器里，将这个容器浸沉在另一个较大的容器中。容器中盛有纯葡萄糖溶液，其中有溶解的氧气。在两个容器中都插入铂电极，连接两个电极便得到了电流，这说明微生物分解有机化合物的时候，有电能释放出来。根据这个原理制造的电池，叫做生物电池。

生物电池比电化学电池有许多优点：生物电池工作时不放热，不损坏电极，不但可以节约大量金属，而且电池的寿命也比电化学电池长得多。

现在，以生物电池作为电源的技术，已应用于海洋中的信号灯、航标和无线电设备等方面。有一种用细菌、海水和有机质制造的生物电池，用做无线电发报机的电源，它的工作距离已达到 10 千米，用生物电池做动力的模型船已在海上停放。

从生物电池的工作原理，科学家们想到了海洋。他们认为一望无际的海洋就是一个巨大的天然生物电池。所以，科学家们提出了在海洋上建立天然生物电站的设想，即利用海洋表层水和海洋底层水的电位差来产生电流。可以预料，随着科学技术的不断进步，人们定会在海洋上建立起大型的天然生物电站，发出巨大的电流，造福人类。

开发可燃冰资源

在变化莫测的海洋深处蛰伏着一种可以燃烧的白色结晶物质，它就是"可燃冰"。在能源危机日益加重的今天，能源困局已成为人类社会发展的绊脚石。发展探索新能源迫在眉睫，无意间可燃冰走入了人们的视野，为人类未来的新能源之路带来了一线曙光。

20世纪60—90年代，科学家在南极冻土带和海底发现一种可以燃烧的"冰"，这种环保能源一度被看做替代石油的最佳能源，但由于开采困难，一直难以启用。但是随着近年来科技水平的日新月异，科学家预测：在未来5年到10年，人们对可燃冰将会有全面的了解，并会取得重大突破。

世界上绝大部分的可燃冰分布在海洋里，据估算，海洋里可燃冰的资源量是陆地的100倍以上。据最保守的统计，全世界海底可燃冰中储存的甲烷总量约为1.8亿立方米，约合1.1万亿吨，如此数量巨大的能源是人类未来动力的希望，是21世纪具有良好前景的后续能源。

可燃冰被西方学者称为"21世纪能源"或"未来新能源"。迄今为止，在世界各地的海洋及大陆地层中，已探明的"可燃冰"储量已相当于全球传统化石能源（煤、石油、天然气、油页岩等）储量的两倍以上，其中海底可燃冰的储量够人类使用1000年。科学研究表明，仅在海底区域，可燃冰的分布面积就达4000万平方千米，占地球海洋总面积的1/4。目前，世界上已发现的可燃冰分布区多达116处，其矿层之厚、规模之大，是常规天然气田无法相比的。

可燃冰，学名为"天然气水合物"，是在一定条件下，由气体或挥发性液体与水相互作用形成的白色固态结晶物质。可燃冰实际上并不是冰，通俗地说，

就是水包含甲烷的结晶体，因为凝固点略高于水，所以呈现为特殊的结构。由于天然气水合物中通常含有大量甲烷或其他碳氢气体，极易燃烧，外观像冰，所以被人们通俗、形象地称为"可燃烧的冰"。可燃冰的主要成分是甲烷与水分子，又称"笼形包合物"；它燃烧产生的能量比同等条件下煤、石油、天然气产生的能量多得多，而且在燃烧以后几乎不产生任何残渣或废弃物，污染比煤、石油、天然气等要小得多。

可燃冰被能源科学家看做最环保的化石气体。经过燃烧后，它仅会生成少量的二氧化碳和水，并且能量巨大，是普通天然气的 2~5 倍。

可燃冰在给人类带来新的能源前景的同时，对人类生存环境也提出了严峻的挑战。天然气水合物中甲烷的温室效应是二氧化碳的 20 倍，温室效应造成的异常气候和海面上升正威胁着人类的生存。全球海底可燃冰中的甲烷总量约为地球大气中甲烷总量的 3000 倍，若有不慎，让海底可燃冰中的甲烷气逃逸到大气中去，将产生无法想象的后果。而且固结在海底沉积物中的水合物，一旦条件变化使甲烷气从水合物中释出，还会改变沉积物的物理性质，极大地降低海底沉积物的工程力学特性，使海底软化，出现大规模的海底滑坡，毁坏海底工程设施，还会危害到海底输电或通信电缆和海洋石油钻井平台等设施的安全。

天然可燃冰一般呈固态，不会像石油开采那样自喷流出。如果把它从海底一块块搬出，在从海底到海面的运送过程中，甲烷就会挥发殆尽，同时还会给大气造成巨大危害。为了获取这种清洁能源，世界许多国家都在研究天然可燃冰的开采方法。

能源战略后备力量
——新型能源

除了上述几种能源，自然界还提供给人类很多能源，这些能源都是人类的亲密伙伴，都与人类的发展密不可分。如果说人需要借一把梯子才能登上高楼，那么这些能源就是每座楼下的梯子。

从原子核中找到的能量

　　学过化学的人都知道，自然界所有的物质都是由数不清的分子构成的。例如，一滴水里就有 $1.5×10^{21}$ 个水分子。这个水分子有多大呢？如果用水分子与乒乓球相比，就好像拿乒乓球与地球相比一样，相差岂止十万八千里。

　　分子又由原子构成。例如，水分子（H_2O）就是由两个氢原子和一个氧原子构成的。原子比分子更小，通常用一种极小的单位——埃来衡量。1 埃等于 1 米的 100 亿分之一（10^{-10} 米），一般原子的直径在 1 埃和 4 埃之间。几千万个原子排成队也不过 1 厘米长。

　　那么，原子是不是"物质的始原"，不能再分了呢？不是。19 世纪末到 20 世纪初，一系列的科学实验进一步揭开了原子内部的秘密。1896 年，法国物理学家贝克勒尔，在研究荧光物质时，无意中发现一种含铀的矿物会自发地放出一种看不见的穿透能力很强的射线。后来经过居里夫人等人的研究，才知道像铀这一类的原子，在放出几种看不见的射线以后，会变成另一种元素的原子。

　　这些现象说明，元素原子的内部一定还有复杂的结构，即使旧的结构破坏了，新的结构又会形成，结果就生成了新的原子。

　　过了一年，人们通过对阴极射线的研究，发现了一种比原子更小的带负电荷的粒子——电子。不论用哪一种金属做实验材料，都能发射电子。这说明电子确实是任何一种元素原子的组成成分。

又过了十来年，人们用高速粒子轰击金属薄片，发现原子原来并不是一个质量均匀的小球，而是中心有一个密实的核，原子的绝大部分质量都集中在核里。这个核叫做原子核。

原子核同整个原子相比，就更小了，它的直径不到原子直径的万分之一。如果设想原子核像一个西瓜，那么整个原子就像一个体育馆那样的庞然大物。

如此说来，一个原子就可以分成两部分：中心部分是一个密实的原子核，带正电荷；原子核的周围是带负电荷的电子，绕原子核旋转，这种"电子泡沫"几乎占了原子的全部体积，但是质量却只占整个原子质量的几万或几十万分之一。

1932 年，人们进一步发现，小得微不足道的原子核里，还有更小的粒子——带正电荷的质子和不带电荷的中子。原子核里的质子数与原子核外的电子数相等，正负电量相抵，所以原子对外不表现出电性。

放射性元素铀被轰击后能放出多大的能量？能生成什么物质？这是科学家们首先想知道的问题。1934 年，费米第一个实现铀核裂变，此后，哈恩等人在做类似的实验时发现：获得的生成物并不是质量和铀靠近的元素，而是和铀相差很远的钡。这种现象他们百思不得其解。后来，哈恩把这种现象告诉了奥地利女物理学家梅特纳。梅特纳和她的弟子，在丹麦玻尔研究所工作的弗瑞士反复发现：1 个中子打碎 1 个铀核，能产生大量能量，并放出 2 个中子来；这 2 个中子又打中另外 2 个铀核，产生 2 倍的能量，再放出 4 个中子来；这 4 个中子又打中另外 4 个铀核……依此类推，就会放出比相同质量的化学反应大几百万倍的能量，这就是所谓的"链式反应"。从此，这种"原子能的火花"给世界带来了新的光明。人类获得了一种新的能量——原子能。

那么，巨大的原子能来自何处呢？原来，原子核内有三种不同的能量：原子核内粒子的能、粒子之间电磁相互作用而产生的电热能、强大的磁力产生的引力势能。这三种能量就是原子核的结合能。当原子核经过变化后，形成新的结合能更大的原子核，就会放出原子核内的能量，这就是原子能。

和平利用原子能的最大成就是建立原子能发电站。原子核反应堆产生的热能使水变成水蒸气，水蒸气推动汽轮机转动而发电，原子能为人类提供一种新的能源，这将大大缓解世界的能源危机。原子能的应用要归功于意大利的青年物理学家费米。1942年12月2日，费米在美国芝加哥大学一个网球场上建成了世界上第一座核反应堆。1945年7月16日5时30分，美国新墨西哥州小城圣菲的西北约56千米吉米兹山的西边，正在紧张地进行一项震惊世界的科学实验。此时，控制台大厅发出了报读时间的声音"4，3，2，1"。当读数报到零时，只见远处亮起一道闪光。霎时，蘑菇云扶摇直上，天空中出现了比几个太阳还要亮的闪光。几秒钟后，人们听到了隆隆巨响。就在大地突然刮起狂风时，只见一个人不慌不忙地从口袋里拿出几张纸片，撒向空中。过后，他用脚步估计了一下纸片落地的距离，马上告诉他的同事这颗"炸弹"爆炸威力有多大，而他的估计和仪器测量的结果竟然相差无几。

这就是震惊世界的第一颗原子弹试爆现场。那个神奇的人就是原子能理论的创立者之一、原子弹的主要设计者、著名物理学家费米。

中国的核科学家们为核物理理论和中国的核工业发展做出了开拓性的贡献，这里选择几位代表性人物简介如下。

1923年，中国物理学家吴有训和美国物理学家康普顿，在以一定能量的γ射线碰击原子中内层电子（芯电子）的实验中发现：γ射线的部分能量传给了电子，并使它与γ射线的初始运动方向呈某一角度射出，而γ射线也与其初始运动方向呈某一角度散射出来。这种现象就是有名的康普顿—吴有训效应。

1930年，中国物理学家赵忠尧在美国先后发表两篇论文，描述了他在研究γ射线的实验中发现的正负电子湮没现象。"电子"

是带负电的粒子（即负电子）。"反电子"是带正电的，习惯上称它为"正电子"。当正电子与负电子相遇时，它们会立即消失而变成两个光子。这就是物理学上说的电子偶的湮没现象。1932 年，美国物理学家安德逊在赵忠尧实验结果的基础上，在云室中果然观测到"正电子"的径迹。核物理学史上，第一个发现反粒子、第一个观测到正反粒子湮没现象的人，当推中国的物理学家赵忠尧教授。后来，人们又陆续发现了反质子、反中子等反粒子。于是有人推论这些反粒子可以组成"反原子"，由"反原子"可以组成"反物质"。人们研究反物理的主要目的是想从正反物质的湮没反应中获取核能。

1938 年，中国物理学家钱三强，在云室中拍下了世界上第一张铀核裂变的照片。1946 年，钱三强和他夫人何泽慧，用核乳胶技术先后发现了铀核裂变的"三分裂""四分裂"现象，在物理学界引起了很大反响，并由此而引发一系列的研究。

1941 年，中国物理学家王淦昌，独具卓见地设计出一种验证奥地利物理学家泡利于 1930 年预言的"中微子"存在的实验方案。论文在美国《物理评论》上发表后，许多核物理学家按他的建议进行了观测和验证。1952 年，美国物理学家阿伦按照这一建议进行实验，证实了"中微子"的存在。1959 年，在前苏联杜布纳联合原子核研究所，王淦昌领导的一个研究小组在一台高能加速器上发现了世界上第一个荷电负超子——反西格马负超子。它填补了粒子物理学"粒子—反粒子"表上的一个空白，是高能粒子实验物理学的一项重要成果，引起核物理学界的重视。

1948—1949 年，中国物理学家张文裕，在美国普林斯顿高等研究所发表论文公布了自己在以云室和核乳胶技术研究从介子与原子核作用时，首次观测到的从原子及 μ 介子辐射。这一发现引起了核物理学界的广泛兴趣。1953 年，科

学家们在高能加速器上的实验证实了这一发现。于是，以张文裕的名字命名的"张氏原子"（μ原子）"张氏辐射"（μ介子辐射）载入了科学史册。

初识核反应。科学家贝克勒尔发现，铀元素的原子核经过14次的放射，原子核的结构有了改变，铀元素的原子也就变成铅元素的原子了。这个过程叫做核反应。天然放射性现象，就是天然发生的核反应过程。

核反应与普通化学反应不同，它使参加反应的原子结构遭到破坏，原子核改变，生成新的元素的原子。但是天然的核反应过程没法用人工控制，放出射线的强弱和多少，没有什么办法可以改变。那么能不能实现人工核反应，也就是采用人工的方法，把一种原子核变成另一种原子核，把一种元素的原子变成另一种元素的原子呢？

1919年，英国物理学家卢瑟福首先做到了这一点。他用一种高速的氦原子核去轰击氮原子核，结果得到了两种新的原子——氧和氢的原子。这一成功大大鼓舞了人们实现人工核反应的信心。由于中子不带电，与带正电荷的原子核之间不存在电的排斥力，比较容易进入到原子核里去，所以用中子来引发原子核反应，一定要比用带正电的氢电子核等方便得多。

1938年12月，人类终于完成了科学史上的一项重大发现，德国科学家哈恩等经过6年的实验，用中子作"炮弹"去轰击铀原子核，铀原子核一分为二，被分裂成两个质量差不多大小的"碎片"——两个新的原子核，产生了两种新元素，同时释放出惊人的巨大能量。这种原子核反应又叫裂变反应，放出的能量就叫裂变能，人们通常所说的原子能或核能，指的就是这种裂变能，即物质原子发生核反应时所放出的能量，这种能量要比化学能（如煤、石油、天然气燃烧发生化学反应时所产生的能量）大几百万甚至几千万倍。

后来，科学家们还发现，当用中子去轰击

铀原子核时，一个铀原子核分裂的同时，会产生两三个新的中子，新的中子又引起新的裂变，这样发展下去，裂变反应就能持续进行，并且像雪崩似的愈演愈烈。这种裂变反应，叫做链式反应。链式反应使得核燃料连续"燃烧"。例如 1 千克铀中就含有 $2.4×10^{24}$ 个铀原子，它们如果全部裂变，产生的热量就有 761 亿焦耳，与燃烧 2600 吨标准煤所放出的热量相当。

原子核能，是原子核发生变化时释放出来的能量。铀、跥、氘等核燃料中蕴藏着丰富的原子核能。

放射性元素蜕变是原子核能的释放过程。放射性物质的原子核无需外力的作用，就能自发地放出某些高速粒子（如电子、氦核、光子等）并形成射线。放射性元素主要有铀–238、铀–235、钍–232、钾–40 等。地球内的这些放射性元素蜕变，每年平均产生 $2.1×10^{18}$ 焦耳的热量。

任何物质的原子都是由电子和原子核构成的，而原子核本身又是由核子——质子和中子构成的。化学能就是原子中外层电子运动状态变化时释放出来的能量，例如煤的燃烧是一种化学反应，是煤中碳原子的外层电子和空气中氧原子的外层电子，聚积在这两个原子中间生成二氧化碳分子的过程。原子核则不然，例如，氮原子核有 7 个质子和 7 个中子，在 A 核子（即氦原子核）的"轰击"下，变成了氧原子核——8 个质子和 9 个中子。显然核子的运动状态在反应中发生了显著的变化。伴随着这种变化，有大量能量释放出来，人们就称它为"原子核能"。而把原子中由于外层电子运动状态变化时放出来的能叫"化学能"或"原子能"。

原子核中核子间的相互作用力要比原子之间的相互作用力大得多，原子核能也要比"化学能"大得多。1 克氮变成氧时释放的能量相当于燃烧 4 吨煤所得的能量。

要取得原子核能，必须使原子核的运动状态发生变化。原子核的变化基本上有"放射性"和"核反应"两种类型。核反应有三种形式："裂变反应""聚变反应"和一般的核反应。

放射性蜕变和一般的核反应都能释放出大量的能量，然而人们很少直接利

用它。放射性元素有固定的"半衰期",例如镭的半衰期是 1620 年,即每一克镭必须经过 1620 年,才有半克镭通过放射性蜕变而转变成其他物质,剩下的半克镭再经过 1620 年,又有一半(即 0.25 克)镭通过蜕变而转变成其他物质,这是原子核发生变化的过程,原子核能就伴随着这一过程而被释放出来。一般的核反应,不能自发发生,只有当供给以"激发能"时,反应才能发生。一般情况下,所需的"激发能"比从核反应中获得的能量还要大,而停止供应"激发能"时,反应就立即停止。

从原子核能的发现到原子核能的利用,其间相隔了整整半个世纪。天然放射性现象是 1896 年发现的,到 1919 年,人们第一次实现了人工核反应。1939 年,在发现"链式反应"后,人们才有可能用人工方法来释放潜藏在原子核中的能量。

费米和原子反应堆的故事

恩里科·费米是著名的意大利物理学家,是物理学罗马学派的创始人之一。他的妻子劳拉·费米是犹太人。由于希特勒和墨索里尼的法西斯种族迫害,使他们离开心爱的罗马,侨居美国,于是费米开始了原子弹研制生涯。

1938 年的政治风云,使德国和意大利两大独裁者勾结在一起,墨索里尼跟在希特勒后面,发动了一场毫无理由的反犹太主义运动。

在意大利并没有犹太人和雅利安人,而犹太人只占当地全部人口的 1‰,随着杂婚率的上升,必将被彻底同化。

劳拉·费米走在大街上,竟有人问她:"他们喊着要赶走犹太人,可谁是犹太人呢?"

由于西西里根本就没有犹太人，一个边远村庄的村长给墨索里尼发电报："请送犹太人来，以便发动运动。"

但是，报纸、广播吵得人心神不宁。7月14日《种族宣言》公布了，它指出"犹太人不属于意大利种族"。接着成立了保卫种族研究所，出版了《保卫种族》杂志。

新法律不断公布：禁止雅利安人与犹太人通婚，犹太人的孩子不许入公立学校，犹太籍的教师被辞退，犹太人的律师、医生只能为犹太人服务，犹太人被剥夺了公民权，他们的护照被吊销……

费米的妻子是犹太人，孩子有犹太血统。尽管他们热爱自己的祖国，留恋生活惯了的罗马，并曾多次谢绝美国大学的邀请。但是，现在他们不得不逃往美国了。

费米和妻子从不同地点向美国大学发了 4 封信，说明过去他拒绝去美国就职的原因已经不存在了，希望去美国教书。

费米很快收到了 5 封邀请信，他决定先到美国的哥伦比亚大学教书。于是，他向意大利官员声称，他要去纽约进行 6 个月的学术访问。

正在他们准备出发时，传来了一大喜讯，即 10 月哥本哈根的物理学会议上，费米得到通知已被提名为诺贝尔奖的候选人。他们推迟了出发日期，等待最后的结果。

11 月 10 日早晨，电话局通知请费米教授在家等候，晚上 6 点有斯德哥尔摩的电话。这意味着获得诺贝尔奖即将成为现实。

18 时，瑞典科学院秘书用电话向费米宣读了奖状：物理学奖金授予罗马大学恩里科·费米教授，以表彰他发现了由中子轰击所产生的新的放射性元素，以及他在这一研究中发现了由慢中子引起的核反应。

诺贝尔奖金，这天赐的奖励与良机，使他们改变了行程与日期，费米夫妇

决定经斯德哥尔摩去美国。

1939年1月2日，费米带领妻子与两个孩子终于踏上了美国领土，逃离了法西斯的魔爪。

费米到哥伦比亚大学就职后，继续进行他的原子链式反应实验。他在物理系主任乔治·佩格勒姆的支持下，与安德森、西拉德等开始了新的实验。哥伦比亚大学的回旋加速器等先进设备，使费米如虎添翼，很快取得了新进展。

1939年3月16日，佩格勒姆为费米写了一封给海军作战部长胡珀上将的信，他请海军上将胡珀与费米谈一谈，了解费米对原子爆炸物的研究。

信是这样开头的：

海军上将胡珀

亲爱的先生：

哥伦比亚大学物理实验室所做的实验表明，化学元素铀得以释放出它大量过剩的原子能的条件可能会被发现，这将意味着有可能采用铀来作为一种爆炸物，每磅将释放出比以往所知的任何炸药多100万倍的能量……

佩格勒姆的信和费米的晋见，并没引起军方的重视。科学家第一次取得军队和政府支持的尝试失败了。

从1941年12月底开始，费米往来于芝加哥和纽约之间。他在纽约的哥伦比亚大学继续进行链式反应和原子堆的研究、实验，又到芝加哥大学进行"冶金实验室"的工作。

"冶金实验室"是康普顿博士领导的芝加哥大学的原子弹研究实验组织的代称。

费米将工作重点转移到芝加哥后，他与康普顿选择了芝加哥大学的足球场，他们要在西看台底下的网球场里建造原子反应堆，进行费米设计研究的链式反应实验。

原子反应堆的直接建造者是费米的助手安德森。为了真空的需要，他到古德意橡胶公司，定制了一个正方形气球，反应堆就安装在这个气球里，需要时可以把里面的空气抽掉。

费米登上了一个升降机平台，指挥安装。他挥手让人们把绳索拉紧，把气球的5个面吊好，正面放下来是敞开的大门。

反应堆的底层是木块支撑物，它们已事先按规格制好，由工人川流不息地运来，放好。

安德森领导物理学家们堆放石墨砖，一块块地按设计图堆起来，几乎到达天棚板了。科学家们的手、脸、衣服都变成了油黑色，但谁也不嫌它脏，他们意识到这是一份光荣的工作。

由费米和安德森进行精心测量，放入那宝贵的铀，插入那一根根关键性的镉棒。经过6个星期的工作，反应堆最后建好了。

12月2日上午，正式进行原子反应堆的链式反应实验。

反应堆顶上有3个青年人，他们自称"敢死队"。他们的任务是手持镉液桶，一旦反应堆出现不良反应，他们立即将镉液倒入反应堆，制止反应与爆炸。在数百万人聚集的芝加哥做这种危险实验，"敢死队"的预防是十分必要的。

反应堆下站着青年物理学家乔治·韦尔，他手按镉棒，将按费米的指令，从反应堆里抽出镉棒，他抽出的速度与距离，决定了反应堆里铀原子反应的情况。

全体参加反应堆工作的人员都集中到网球场北端的阳台上，观看这科学史上的伟大实验。

全场鸦雀无声，只有费米一个人在讲话："反应堆还没有运转，因为它里边有吸收中子的镉棒，下面请韦尔抽出其他镉棒，只留他手边的一根。"

"大家看这支描笔，它能描画出辐射强度的曲线，当反应堆进行链式反应时，描笔将画出连续升高的线，如果停止了链式反应，描笔的线就趋向平缓。"

"实验马上开始了，大家各就各位。请韦尔每次抽出2厘米镉棒，我看描笔

的变化。"

计数器"咔嗒咔嗒"地响起来，描笔开始向上描画，接着趋向平缓。

费米又命令韦尔："将镉棒抽到 13 英尺（约 4 米）处。"

计数器响声更大了，描笔上升到费米预计的高度，又趋向平缓了。

下午 3 时 20 分，费米命令韦尔将镉棒抽到可以出现链式反应的位置。

大家看到计数器逐步上升，声音更响；描笔开始上升，不再趋向平缓，它说明链式反应开始了。这种反应持续了 28 分钟，费米和全体物理学家高兴地互相拥抱着，原子反应堆的链式反应宣告成功了。

请求爱因斯坦在给罗斯福总统的信上签名的物理学家威格纳拿出一瓶基安提酒，他与费米将酒倒入杯里，分给在场的每一个人，大家都喝了庆祝酒。

为了记住这个伟大的实验，每个人都在酒瓶的硬纸护壳上签了名字。这是那天传下来的唯一记录，因为保密，不能有任何的声张。

实验成功后，康普顿博士立即给正在哈佛大学执行公务的总统科学顾问、四人领导小组候补主席、科学研究与发展总署署长詹姆斯·康南特博士打了保密电话："那位意大利航海家，已经到达新大陆了。"

"那么他发现当地的居民怎么样？"

"非常的友好。"

费米与他的同伴们的原子堆链式反应实验成功了。12 月 2 日作为一个重大的日子载入了科学史册。

当芝加哥大学 10 年后举行大庆时，收存酒瓶和签名护卡的艾尔·沃特姆伯格因为儿子降生，不能参加大会，把酒瓶用 1000 美元的保价金额寄给了大会，这成为报纸上的头条新闻。

1993 年笔者有幸去瞻仰芝加哥大学的实验现场。足球场的西看台，用灰粉刷过的墙上挂着很厚的烟灰，墙上挂着一块镂花的金属牌匾，那牌上的英文是：

ON DECEMBER 2. 1942

MAN ACHIEVED HERE

THE FIRST SELF–SUSTAINING CHAIN REACTION

AND THEREBY INITIATED

THE CONTROLLED RELEASE OF NUCLEAR ENERGY

翻译成中文是：

1942 年 12 月 2 日，人类在此实现了第一次自持链式反应，从而开始了受控的核能释放。

这块匾牌是原子时代的出生证。

在芝加哥大学的图书馆附近，建立了新的蘑菇云状的纪念碑，它向人们骄傲地宣布芝加哥大学是原子研究的基地。

什么叫氢能

400 多年前，瑞士科学家巴拉塞尔把铁片放进硫酸中，发现铁片放出许多气泡。当时，人们并不知道这种气体。1776 年，英国化学家卡文迪许对这种气体发生了兴趣，并发现它非常轻，只有同体积空气的 6.9%，与此同时他还发现这种气体和空气混合后一点火就会发生爆炸，以后又在器具上发现留有小水珠。反复试验后，他得出水是这种可燃气体和氧的化合物的结论。法国化学家拉瓦锡经过详尽研究，于 1783 年正式把这种物质取名为氢。

氢气一诞生，它的"才华"就初步展现出来了。氢最初的用途是：法国化学家布拉克于 1780 年，把氢气注入猪的膀胱中，制造了世界上第一个最原始的

氢气球。俄国著名学者门捷列夫于1869年，整理出化学元素周期表，赫然位列第一的就是氢元素。此后从氢出发，寻找其与其他元素之间的关系，这就为众多元素的发现打下了基础，从此人们对氢的研究和利用就更科学化了。

氢位于元素周期表之首，原子序数为1，在常温常压下为气态，在超低温高压下又可成为液态。作为能源，氢有以下特点：

1. 所有元素中，氢重量最轻

在标准状态下，它的密度为8.99千克/立方米；在-252.7℃时，可成为液体，将压力增大到数百个大气压时，液氢又可变成金属氢。

2. 所有气体中，氢气的导热性最好

氢气的导热系数是大多数气体的10倍，因此氢在能源工业中是极好的传热载体。

3. 氢是自然界中存在最普遍的元素

除空气中含有氢气外，它主要以化合物的形式存在于水中，而水是地球上分布最广的物质，它占宇宙质量的75%，据估计，如果把海水中的氢全部提取出来，它所产生的热量是现在地球上所有化石燃料放出的热量的9000倍。

4. 氢的发热值高

除核燃料外，氢的发热值是所有化石燃料、化工燃料和生物燃料中最高的，为142 351千焦/千克，是汽油发热值的3倍。

5. 氢燃烧性能好，点燃快

氢与空气混合时有很大的可燃范围，而且燃点高，燃烧速度快。

6. 燃烧时最清洁

氢并没有毒，与其他燃料相比，氢燃烧除生成水和少量氮化氢外不产生其他污染环境的物质。少量的氮化氢经有效处理也不会污染环境，而且燃烧生成的水还可继续制氢，反复循环使用。

7. 氢能利用的形式多

氢既可以通过燃烧产生热能，在热力发动机中产生机械功，又可作能源材料用于燃料电池，或转换成固态氢作为结构材料。用氢气代替煤和石油，不需对现有的技术设备作重大的改进，只需对现有的内燃机稍加改装便可使用。

8. 氢的第三种形态金属——氢化物

氢，可以以气态、液态或固态金属氢化物的形式出现，它能适应储运及多种应用环境的不同要求。

这一系列的特点说明氢是一种理想的新的能源。

全世界在 20 世纪 70 年代初，面临着严重的能源危机。人们便把燃烧值巨大的氢作为首选能源。如今，许多科学家认为，氢有可能在世界能源舞台上成为一种非常重要的二次能源。法国伟大的科幻小说家朱利·凡尔纳于 1870 年，在他的著作《神秘岛》中大加赞赏氢作为燃料的优点，并写出了他的预言，即氢是未来的能源，是理想的燃料。如今，这美好的幻想正一步步地变成现实。

有一种能源叫氢能

要想真正了解氢，我们不光要知道氢是如何被发现的，更要熟悉有关氢的一些基本常识。

氢 的 简 介

氢是一种化学元素，化学符号为 H，原子序数是 1，在元素周期表中位于第一位。它的原子是所有原子中最小的。氢通常的单质形态是氢气。它是无色无味无臭、极易燃烧的由双原子组成的气体，而且是最轻的气体。同时，它也是宇宙中含量最高的物质。氢原子存在于水、所有有机化合物和活生物中，导热能力特别强，跟氧化合成水。在 0℃ 和一个大气压下，每升氢气只有 0.09 克——仅相当于同体积空气质量的 1/14.5。（实际比空气轻 14.38 倍）

氢元素在太阳中的含量为 75%，在地壳中含量为 1.5%。

在常温下，氢气比较不活泼，但可用催化剂活化。单个存在的氢原子有极强的还原性。在高温下，氢则非常活泼。除稀有气体元素外，几乎所有的元素都能与氢生成化合物。

氢的同位素

什么是氢的同位素呢？我们不妨先来看一下同位素的定义。自然界中许多原子都具有同位素。那些质子数相同而中子数不同的原子核所构成的不同原子总称即为同位素。

同位素有的是天然存在的，有的是人工制造的，有的有放射性，有的没有放射性。同一元素的同位素虽然质量数不同，但它们的化学性质基本相同，物理性质有差异，主要表现在质量上。氢在自然界中的同位素有氕、氘和氚 3 种。其中氕相对丰度（指某一同位素在其所属的天然元素中占的原子数百分比）为99.985%；氘（重氢）相对丰度为 0.016%，这两种氢是自然界中非常稳定的同位素。从核反应中还找到质量数为 3 的同位素氚（超重氢），它在自然界中含量极少。

英国物理学家索第（F. Soddy，1877—1956 年）与卢瑟福（E. Rutherford，1871—1937 年）于 1913 年首先提出同位素问题。索第认为，同位素的原子量和放射性是不同的，但其物理和化学性质相同。此后的几年内，人们虽然相继发现了 200 多种同位素，但是氢的同位素却一直没有被发现。1919 年，德国物理学家斯特恩（O. Stern，1888—1956 年）认为，氢的原子量为 1.0079，估计它应具有一种同位素。即一种是原子量为 1 的氢，即 1H，一种是原子量为 2 的氢同位素。根据 1 与 1.0079 之间的差值来估计它们的相对丰度值，氢的同位素应占 1% 左右，但索第和同事试图从实验上加以证实却未获成功。

1927 年，阿斯顿以氧的原子量等于16.0000 为标准（就像过去以水的密度为标准一样），用质谱仪对氢元素进行了质谱分析，测得的氢与氧的比值是 1.0077：16.0000，这个比值与化学方法测得的比值非

常一致，以至于阿期顿认为，氢元素是没有同位素的，它是一个"纯粹的"元素。

氢的同位素氘（D）被哈罗德·尤里发现。1931年年底，美国哥伦比亚大学的尤里教授和他的助手们，把5～6升液态氢在53约定毫米汞柱（7千帕）、14K（三相点）下缓慢蒸发，最后只剩下2毫升液氢，然后作光谱分析。结果在氢原子光谱的谱线中，得到一些新谱线，它们的位置正好与预期的质量为2的氢谱线一致，从而发现了重氢。尤里将这个新发现的同位素命名为Deuterium，简写为D，它在希腊文中的意思是"第二"，中文译作"氘"。但是，尤里等人未发现他们曾预言的原子量为3的氢的同位素。尤里因发现氘在1934年荣获了诺贝尔化学奖。

1934年，澳大利亚物理学家奥利芬特（Oliphant，Marcus Laurence Elwin 1901.10.8—2000.7.14）用中子轰击锂，生成一种具有放射性的新同位素氚，质量为3，命名为Tritium，中文译为氚，符号T，是具有放射性的另一重要的氢同位素。T（3H）显示弱辐射性，其半衰期为12.26年。科学家发现的4H的半衰期只有$4×10^{11}$秒。日本理化研究所2001年宣布说，该所科学家谷烟勇夫和俄罗斯科学家在设立于莫斯科郊外的原子核研究机构，使用大型加速器，以碳原子为目标进行轰击，制造出了由2个质子和4个中子构成的氢6，然后使用液态氢与之撞击，去掉氢6原子核中的1个质子，结果获得了由1个质子和4个中子构成的5H。不过，5H极其不稳定，在极短时间就衰变为氚和2个中子。

因此，4H和5H并没有被公认，人们通常还是认为氢只有3个同位素。

由于氢几乎全部是由1H组成的，所以，氢的最轻的同位素1H的性质就决定了氢的性质。

1H 和 D 的分离可用电解法，电解水时，1H 的迁移速度比 D 的迁移速度快 6 倍，这样，在剩余物中 D 的浓度提高。重复电解，则得到 D_2O，即重水。重水和普通水有很大的不同。

氢同位素主要有以下 3 种用途：①作为热核反应的原料。这是氢同位素最重要的用途。氢的同位素氘和氚是轻热核聚变的材料，在一定的条件下，氘和氚发生核聚合反应即核聚变，生成氦和中子，并发出大量的热。②利用氢同位素测定地质的历史。随着稳定同位素研究的进展，利用氧、氢同位素测定曾经土地的温度已成为沉积环境地球化学研究的前沿课题。从 20 世纪 60 年代开始，美国及西欧国家的冰川学家就在南极大陆和格陵兰岛的内陆冰盖上钻取冰芯，通过分析不同年龄冰芯里的氢同位素、氧同位素、痕量气体、二氧化碳、大气尘以及宇宙尘等，来确定当时（百年尺度）全球平均气温、大气成分、大气同位素组成、降水量等诸项气候环境要素。③用同位素作为示踪剂。氘和氚可以作为"示踪剂"研究化学过程和生物化学过程的微观机理。因为氘原子和氚原子都保留普通氢的全部化学性质，而氘、氚与氢的质量不同，氚与氢的放射性不同，这样就可以深入研究分子的来龙去脉。例如利用氢同位素记录污水的历史，可以控制污水排放。利用最新的"氢稳定同位素质谱技术"，开发出对环境中有机污染物的"分子水平氢稳定同位素指纹分析法"，可以追踪污染源。

氢 的 分 布

在地球上和地球大气中只存在极稀少的游离状态的氢。在地壳里，如果按重量计算，氢只占总重量的 1%，而如果按原子百分数计算，则占 17%。氢在自然界中分布很广，水便是氢的"仓库"——水中含 11% 的氢；泥土中约有 1.5% 的氢；石油、天然气、动植物体也含氢。在空气中，氢气倒不多，约占总体积的一千万分之五。在整个宇宙中，按原子百分数来说，氢却是最多的元素。据研究，在太阳的大气中，按原子百分数计算，氢占 81.75%。在宇宙空间中，氢原子的数目比其他所有元素原子的总和约大 100 倍。

根据地球物理学家的意见，地球分为地表、地幔和地核。氢在地壳中大约为第十丰富的元素。地球中的氢主要是以化合物形式存在，其中水中最多。氢占水质量的1/9。海洋的总体积约为13.7亿立方千米，若把其中的氢提炼出来，约有$1.4×10^{17}$吨，所产生的热量是地球上矿物燃料的9000倍。

在地球的对流层大气中（离地面12～15千米），几乎没有氢；在地球大气内层80～500千米，氢占50%；在地球大气外层，500千米以上，氢占70%。

太阳光球中氢的丰度为$2.5×10^{10}$（以硅的丰度为10^6计），是硅的25 000倍（Kuroda，1983年），是太阳光球中最丰富的元素。据计算，氢占太阳及其行星原子总量的92%，占原子质量的74%（卡梅伦，1968年）。甲烷存在于巨大行星的大气圈中，其数量大大超过了氢。此外，在木星和土星的大气圈中还发现少量氢。巨大的行星是由冰层围绕着的核心组成，有些是由高度压缩的氢组成。两个最轻的元素——氢及氦是宇宙中最丰富的元素。

组成人体的元素有81种，其中O，C，H，N，Ca，P，K，S，Na，Cl，Mg共11种，占人体质量的99.95%以上，其余组成人体的元素还有70种，为微量元素。氧、碳、氢、氮、钙、磷分别占人体质量的61%、23%、10%、2.6%、1.4%和1.1%。可见，氢在人体内是占第3位的元素，排在氧、碳之后，也是组成一切有机物的主要成分之一。

怎样制取氢能

氢作为一种高效能源，已经获得了极大的应用。许多实验数据表明，在21世纪氢很可能成为最重要的二次能源。既然氢能有如此多的好处，那为什么直到现在还没被广泛利用呢？

其实要实现氢能的大规模的商业应用还需解决两个关键问题：第一，经济实惠的制氢技术。因为氢是一种二次能源，制取它不但需要消耗大量的能量，而且目前效率又很低，因此寻求大规模经济实惠的制氢技术是世界各国科学家的共同心愿。第二，安全可靠的储氢和运输氢的方法。由于氢很容易汽化、着火、爆炸，因此妥善解决氢能的储存和运输问题也成为开发氢能的关键。

氢，虽然是自然界中最丰富的元素之一，但是地面上却很少有天然的氢。制氢的途径通常有：从丰富的水中分解氢，从大量的碳氢化合物中提取氢，从广泛的生物资源中制取氢，或利用微生物生产氢等。虽然目前已经掌握了各种制氢技术，但把它作为能源使用，特别是普通的民用燃料，我们选择制氢技术的标准就要首先产氢量大同时价格低廉。就长远考虑，水是氢的主要来源，以水裂解制氢应是现在高技术的主攻方向。到目前为止，热解法、电解法和光解法都是从水中制取氢的主要方法。

热解法制氢

把水加热到3000℃以上的是热解法制氢。这时，部分水蒸气可以热解为氢和氧，但是高温和高压仍是技术上存在的困难。虽然利用太阳能聚焦或核反应的热能有可能解决。但对于利用核裂变的热能分解水制氢，至今仍未实现。不过人们还是更希望今后通过核聚变产生的热能来制氢。

电解法制氢

电解水制氢是人类使用的最早的制氢方法，目前仍然是专业化制氢的重要方法之一。改进后的电解槽虽然已把电耗降低了不少，但还是工业生产中的"电老虎"。若用燃烧石油、煤炭来发电（火力发电），再用电来制取氢，显然，用这样得来的氢代替煤和石油是不值得的。其成本是石油的3倍，而且燃烧煤和石油又造成了环境污染。因此，现在氢燃料只用在专门的用途上，如推进太

157

空火箭或在航天器中维持燃料电池。

光解法制氢

国际上在 20 世纪 80 年代末，出现了光解海水制氢的方法。由于激光诱导制膜技术有了很大的进步，制成了新型的金属、半导体、金属氧化物光电化学膜，用此膜作为海水电解的隔膜，就能使海水分离制得氢和氧。这种方法耗电少，转换率已达到 10％，引起各国科学家的关注。

工业制氢的方法，目前主要是以天然气、石油和煤为原料，在高温下使之与水蒸气反应，从而制得氢。

在工艺上这些制氢的方法都比较成熟，但是以化石燃料和电力来制取氢能，在经济和资源利用上都不合算，而且对环境造成了严重的污染。为此，目前用化石燃料制氢的目的不是把氢作为能源，而是把它作为化工原料，用于维持电子、冶金、炼油、化工等方面的需要。

使用硫酸氢制氢的方法目前在国外已经被成功使用，它不失为一种制氢的好方法。在石油炼制、煤和天然气脱硫的过程中都会有硫化氢产出，自然界也有硫化氢矿藏，或在开采地热时也会产生硫化氢。气相分解法（干法）和溶液分解法（湿法）是硫化氢制氢的主要方法。虽然这种工艺需要一定的高温（600℃）和适当的催化剂，但是用这种方法制氢却能化害为利，既能制得氢气又能清除污染。中国目前研制成功的"烟气中氧化硫制氨技术"与硫化氢制氢有相似之处。它利用烟气脱硫的产物稀硫酸与废金属经液相氧化反应后制取氢气，此种方法为污染源（烟气）资源化的新途径。

氢是如何被发现的

谈到氢，我们不禁会问，氢是怎么来的？又是谁发现了氢呢？

氢的存在，早在16世纪就有人注意到了，但因当时人们把接触到的各种气体都笼统地称作"空气"，因此，氢气并没有引起人们足够的重视。而到18世纪末，已经有很多人做过制取氢气的实验。因此，事实上我们很难说究竟是谁发现了氢，即使公认对氢的发现和研究有过很大贡献的化学家卡文迪许本人，也认为氢的发现不只是他一人的功劳。

早在16世纪，瑞士著名医生帕拉塞斯就曾描述过铁屑与酸接触时有一种气体产生。他说："把铁屑投到硫酸里，就会产生气泡，像旋风一样腾空而起。"他还发现，这种气体可以燃烧。然而由于他是一位著名的医生，病患者非常多，他也就没有时间去做进一步的研究。就这样，一个世纪过去了。到了17世纪，比利时著名的医疗化学派学者海尔蒙特发现了氢。那时人们的智慧被一种虚假的理论所蒙蔽，大家认为不管什么气体都不能单独存在，既不能收集，也不能进行测量。这位医生当然也不例外，认为氢气与空气没有什么不同，于是很快就放弃了研究。

最先把氢气收集起来并进行认真研究的是英国的一位化学家卡文迪许。

卡文迪许非常喜欢化学实验。有一次实验过程中，他不小心把一块铁片掉

进了盐酸中，当他正在为自己的粗心而懊恼不已时，却发现盐酸溶液中有很多气泡产生，这种现象一下子吸引了他，刚才的气恼心情也全跑到九霄云外了。他努力地思考着：这种气泡是从哪儿来的呢？它原本是铁片中的，还是存在于盐酸中的呢？于是，他又做了几次实验，把一定量的锌和铁投到充足的盐酸和稀硫酸中（每次用的硫酸和盐酸的质量是不同的），结果发现所产生的气体量是固定不变的。这说明这种新的气体的产生与所用酸的种类没有关系，与酸的浓度也没有关系。

接下来，卡文迪许用排水法收集了新气体，他发现这种气体不能帮助蜡烛燃烧，也不能帮助动物呼吸，如果把它和空气混合在一起，一遇到火星就会爆炸。卡文迪许是一位十分认真的化学家，他经过多次实验终于发现了这种新气体与普通空气混合后发生爆炸的极限。他在论文中写道：如果这种可燃性气体的含量在9.5%以下或65%以上，点火时虽然会燃烧，但不会发出震耳的爆炸声。

1766 年，卡文迪许向英国皇家学会提交了一篇名为《人造空气实验》的研究报告，在报告中他讲述了用铁、锌等与稀硫酸、稀盐酸作用制得"易燃空气"（即氢气），并用普利斯特里发明的排水集气法把它收集起来进行研究。

卡文迪许发现，一定量的某种金属分别与足量的各种酸发生反应，所产生的这种气体的量是固定的，与酸的种类、浓度都无关；他还发现，氢气与空气混合后点燃会爆炸；又发现氢气与氧气化合生成水，从而认识到这种气体和其他已知的各种气体都不同。但是，由于他当时非常相信燃素说，按照他的理解，这种气体燃烧起来这么猛烈，一定富含燃素，而按照燃素说，金属也是含燃素的。所以，他认为这种气体是从金属中分解出来的，而不是来自酸。他设想金属在酸中溶解时，"他们所含的燃素便释放出来，形成了这种可燃空气"。他甚至曾一度设想氢气就是燃素，没想到这种推测很快就得到当时的一些杰出化学家舍勒、基尔万等的赞同。

当时很多信奉燃素学说的学者认为，燃素是有"负重量"的。那时的气球是用猪的膀胱做成的，把氢气充到这种膀胱气球中，气球便会徐徐上升，这种现象曾经被一些燃素学说的信奉者们作为"论证"燃素具有负重量的根据。但卡文迪许究竟是一位非凡的科学家，后来他弄清楚了气球在空气中所受浮力问题，通过精确研究，证明氢气是有重量的，只是比空气轻很多。

他是这样通过实验来检验氢气重量的：先用天平称出金属和装有酸的烧瓶的重量，然后将金属投入酸中，用排水集气法把产生的氢气收集起来，并测出体积。接下来再称量发生反应后烧瓶以及烧瓶内装物的总重量。这样他确定了氢气的相对密度只是空气的9%。可是，那些化学家仍固执己见，不肯轻易放弃旧说，鉴于氢气燃烧后会产生水，于是他们改说氢气是燃素和水的化合物。

卡文迪许已经测出了这种气体的相对密度，接着又发现这种气体燃烧后的产物是水，无疑这种气体就是氢气了。卡文迪许的研究已经比较细致，他只需对外界宣布他发现了一种新元素并给它起一个名称就行了，真理的大门正准备为他敞开，幸运之神也在向他招手。但是，卡文迪许受了虚假的"燃素说"的欺骗，坚持认为水是一种元素，不承认自己无意中发现了一种新元素，实在令人惋惜。

后来，法国化学家拉瓦锡听说了这件事，于是他重复了卡文迪许的实验，并用红热的枪筒分解了水蒸气，才明确提出正确的结论：水不是一种元素而是氢和氧的化合物。从此纠正了两千多年来一直把水当做元素的错误概念。1787年，他正式提出"氢"是一种元素，因为氢燃烧后的产物是水，便用拉丁文把它命名为"水的生成者"。

如何利用微波能

微波能蕴藏着无限的能量，我们应该重新估计它的威力，极力发展微波能，使它更多地造福于人类。

微波的波长范围为1毫米至1米，频率为300～300 000兆赫，是一种电磁

波。它与无线电波、红外线、可见光、紫外线、X线等一样，都属于电磁波家族的成员。

在科学技术如此发达的今天，除了人们十分熟悉的微波通信之外，微波还涉及医药领域、公路建设、航空航天、环境保护、能量传送等很多方面，以及人们的生活当中。

加拿大的科学家发现，微波可以使一些有机物间的化学反应迅速提升1200多倍，使人们对微波有了全新的认识，完全改变了以往认为微波只能加热含水物质的看法，使微波加热功能扩展到了有机物质领域，并取得了一个又一个的突破。

日本科研机构开发出了微波烧制陶瓷新技术，该项技术可以缩短烧制时间，从而降低能量损耗。这种技术的特点是让毛坯吸收微波，然后由它自身散发的热量烧制成陶瓷产品。使用这一方法的专用炉已制得成功，炉壁有双层结构，由吸收微波的陶瓷与隔热材料组合而成。与现有烧制法相比，该加热法可使陶瓷在烧制过程中温度均匀升高，从而减少变形与色彩不均等现象，同时也减少了二氧化碳的排放。通过微波烧出的陶瓷产品要优于用电、燃气或重油烧成的产品，这种技术可用来烧制绝缘瓷瓶及用于半导体、汽车等领域的工业陶瓷。

美国研究出了利用微波拆除原子反应堆混凝土建筑的新方法。由于原子反应堆的工作使周围的环境带有不同程度的放射性，因此，在建筑物的拆除过程中，不允许有一点灰尘。而利用微波加热混凝土中所含的水分，使水在变成水蒸气的过程中体积膨胀，从而使混凝土产生裂炸。在这个过程中，不会产生任何灰尘，从而保证了环境不受任何污染。

美国还发明了一种利用微波对公路进行维修的方法。过去使用的方法普遍会使路面处于冷却状态，很难和新添入的沥青化合，修补后的公路也不会恢复原来的平整。采用微波修补方法以后，通过一种装置向需要修补的公路路面发射微波，很快便可以将路面加热使沥青融化，于是，填补用的新沥青便会和路面的沥青融合在一起，然后，再利用压路机将路面压平。

微波还能够有效地传输能量。不仅地面的电子设施可以通过微波的照射来供给能量进行工作，空中的飞机也可以通过接收地面发射的微波束从而得到能量，进行预定的飞行计划。地面上的微波站把能量很高的微波发射到很远的空间，装置在飞机上的仪器便可以接收到微波能量，并将这种能量转变为电能，从而驱动飞机上的发动机。根据这个原理，人们只需在地面上每隔一二百千米设一个微波发送站，就可以使微波飞机不用着陆、不用加油，持续不断地围绕地球飞行。

微波还能用于航天事业中，人们设想用微波的能量来发射航天飞机，这样所需经费仅有火箭发射经费的1/20。此外，科学家还利用微波进行大气检测和监测，为火箭和卫星的顺利飞行创造了很好的空中环境。

现代医学领域也有微波的应用，这为患者带来了福音。一种极为细小的微波发生器，可以直接从口腔、尿道、肛门送入人体内，直接杀死癌细胞，可用于治疗胃、食道、前列腺等处的癌症或脓肿。若将极细的微波发生线圈直接送到血管里，还可以除去血管管壁的多余物质，使血管内壁变得光滑且富有弹性。

微波成为现今潜力最大的新能源，相信它会应用在更多的领域。

来自地底的能源

从地下流出20℃以上的泉水即温泉，在世界上许多国家和地区，有的流出热水、有的喷出热蒸气，有的喷出的热水、热蒸气有几米、几十米甚至几百米高等多种类型。温泉的自然现象表明地球内部并不是一个平静的世界，而是一个蕴藏

着巨大热能的"大热库"。地热能指的就是来自地球内部的这些能量。

据估计，全世界地热资源的总量相当于燃烧 $4.948×10^{18}$ 千克标准煤所放出的热量。如果把全世界煤炭燃烧时所放出的热量作为 100 来计算，那么相对煤炭而言，石油的储量为 8，可利用的核燃料的储量为 15，而地热能的总储量则为它们的 17 000 万倍。可见，我们居住的地球是一个名副其实的庞大的"热球"。人类对于如此巨大的热能来源，现在还处于探索阶段。不过，美国的科学家提出地球地热的主要来源是因为，地心有个直径 8000 米，由铀和钍组成的天然核反应堆。地球是太阳系的一个行星，它和太阳一样有放射性元素不断地进行热核反应，在放出射线的同时，也产生了巨大的热量。地壳是由地球表面经过大约 40 亿 ~ 50 亿年的逐渐冷却形成的。由于封闭了地球内部的热能，经过亿万年的积累后，便形成了现在的地热能。其次地热能还可以由地球转动、重力分异、化学反应和岩石结晶等产生。地球的转动热是由于地球内部各个地方的物质密度不同，再加上地球在自转时角度的变化，就会引起岩层的水平位移和挤压，而产生机械热。放射性元素的衰变产生的能量要比它产生的能量小 1/2，由此看来，地球转动产生的能量也是巨大的。当然，地球的热量也有散失，但相对于地球内部产生的热量而言，散失的热量是微不足道的。"热能库"便是我们脚下沉睡的巨大的热能。

随着深度增加地热也增加，在 1.5 万米以内的地壳深处，一般地区每百米增温 2 ~ 4℃，平均约为每百米增加 3℃。地壳下部的地热增温率逐渐减小。各地的地质构造条件、岩石的热容量、火山和岩浆活动等情况都会影响地热增温率的大小。地热能在地下储存的状态并不都一样。根据储存形式来看，地热能展现在人们面前的是蒸气型、热水型、地压型、干热岩和岩浆型五种"身份"。

以压力和温度均较高的蒸气形式存于地下，间有少量其他气

体的是蒸气型的地热能。这种地热田比较容易开发，直接可以驱动机械做功和发电，技术上也成熟，但资源总量少，仅占地热资源总量的0.5%，而且地区局限性也大。

以热水或水汽混合的湿蒸气形式储于地下的是热水型地热能。世界闻名的阿拉斯加的"万烟谷"是地热的集中地，在24平方千米的范围内，有数万个天然蒸气和热水的喷孔，而且喷出的热水和蒸气的最低温度是97℃，最高可达645℃，喷出的热水和蒸气达2300万千克/秒，相当于600万吨煤。热水型资源分布较广，储量丰富，占地热资源总量的10%，估计是蒸气型资源的20倍。

以高压水的状态存在于地下2~3千米深的沉积盆地中，周围由一种不透水的岩包封着的是地压型地热能。它实际上是一种地下高压热水库。最大的矿床长1000多千米，宽几百千米。含有高压机械能、高温热能和化学能（甲烷等）。地压型资源的储量巨大，占地热资源总量的20%，有重要的开采价值。

蕴藏在地下炽热岩石层中的是干热岩地热能。这种炽热的岩层，普遍存在于地下，不含水和蒸气。其储藏能量比上述几种资源大，占地热资源总量的30%。但这种能源的开发技术难度较大，而且都是很难解决的技术难题，如干热岩的破碎和人工热水循环系统等。

储存在熔融或半熔融态的地下岩浆中的是岩浆型地热能。它的储藏量非常大，占地热资源总量的40%，温度可达1500℃，火山爆发时，这种岩浆被带到地面。在多火山的地区，这种资源埋藏的深度较浅，但多数埋藏在地下10千米以下的深处。岩浆由于具有高温和高侵蚀环境的性能，提取能量时又涉及多种学科，所以这个问题在短时间内无法解决。

目前，地热资源中的蒸气型和热水型资源已被一些国家开发利用。是以人造热泉的形式被具体应用的，对于更多的利用还有待科学家的开发。而地压资源和岩浆资源的利用尚处于探索阶段。

地热能利用情况

人类很早以前就开始利用地热能，但真正较大规模开发利用地热能始于20世纪中期。世界各国在地热资源开发利用方面，大都经历了沐浴医疗、供热采暖和地热发电3个阶段。

地热还能直接用于采暖、供热和供热水，简单、经济。然而受区域地质条件限制，并不是任何地方都有可供利用的地热资源。在利用地热发电时，要挖地热井，可能会破坏自然景观。另外，地热的热水中可能会溶有重金属等有害物质，蒸气中可能会带有毒性的气体。

地热能的利用过程中，地热能可分为地热发电和直接利用两大类。

地 热 发 电

地热发电是地热利用的最重要方式，地热发电和火力发电的原理是一样的，都是利用蒸气的热能在汽轮机中转变为机械能，然后带动发电机发电。所不同的是，地热发电不像火力发电那样要装备庞大的锅炉，也不需要消耗燃料，它所用的能源就是地热能。

目前，能够被地热电站利用的载热体，主要是地下的天然蒸气和热水。按照载热体类型、温度、压力和其他特性的不同，可把地热发电的方式划分为蒸气型地热发电和热水型地热发电两大类。

1. 蒸气型地热发电

蒸气型地热发电是把蒸气田中的干蒸气直接引入汽轮发电机组发电，但在引入发电机组前应把蒸气中所含的岩屑和水滴分离出去。这种发电方式最为简单，但干蒸气地热资源十分有限，且多存于较深的地层，开采技术难度大。

2. 热水型地热发电

热水型地热发电是地热发电的主要方式。目前热水型地热电站有闪蒸系统和双循环系统两种循环系统。

现在，世界上 18 个主要国家有地热发电，总装机容量 5827.55 兆瓦。其中，装机容量在 100 兆瓦以上的国家有美国、菲律宾、墨西哥、意大利、新西兰、日本和印尼。中国的地热资源也很丰富，但开发利用程度很低。主要分布在云南、西藏、河北等省区。

早在 20 世纪 70 年代初，中国就开始利用地热水进行发电试验。广东的丰顺是第一个用 91℃ 热水，采用减压扩容方式发电成功的试点。随后在河北、山东、江西和湖南等省建起 9 台发电试验装置，最大的容量为 300 千瓦，最小只有 50 千瓦，利用的热水为 66~92℃。位于藏北羊井草原深处的羊八井地热电厂，是我国目前最大的地热试验基地。根据羊八井 262℃ 流体参数的初步计算，一口井至少可供发电 10 兆瓦。

地 热 供 暖

将地热能直接用于采暖、供热和供热水是仅次于地热发电的地热利用方式。特别是位于高寒地区的西方国家，其中冰岛开发利用得最好。由于地热供暖没有高耸的烟囱，冰岛首都也被誉为"世界上最清洁无烟的城市"。此外，利用地热给工厂供热，如用做干燥谷物和食品的热源，用做硅藻土生产、木材、造纸、制革、纺织、酿酒、制糖等生产过程的热源也是大有前途的。

地 热 务 农

地热在农业中的应用范围十分广阔。如利用温度适宜的地热水灌溉农田，

可使农作物早熟增产；利用地热水养鱼，在28℃水温下可加速鱼的育肥，提高鱼的出产率；利用地热建造温室，育秧、种菜和养花；利用地热给沼气池加温，提高沼气的产量……

将地热能直接用于农业在中国日益广泛，北京、天津、西藏和云南等地都建有面积大小不等的地热温室。各地还利用地热大力发展养殖业。

地 热 行 医

由于地热水从很深的地下提取到地面，除温度较高外，常含有一些特殊的化学元素，从而使它具有一定的医疗效果：如含碳酸的矿泉水供饮用，可调节胃酸，平衡人体酸碱度；含铁矿泉水饮用后，可治疗缺铁贫血症；氢泉、硫水氢泉洗浴可治疗神经衰弱和关节炎、皮肤病等。

同时，温泉的医疗作用及伴随温泉出现的特殊的地质、地貌条件，使温泉常常成为旅游胜地，吸引大批疗养者和旅游者。在日本就有1500多个温泉疗养院，每年吸引1亿人到这些疗养院进行休养。

未来随着与地热利用相关的高新技术的发展，人们将更精确地查明更多的地热资源，钻更深的钻井将地热从地层深处取出，因此地热利用也必将进入一个飞速发展的阶段。

生物质能

生物质能是太阳能以化学能形式储存在生物中的一种能量形式，它以生物质为载体，直接或间接地来源于植物的光合作用。在光合作用中，植物利用空气中的二氧化碳和土壤中的水，将吸收的太阳能转换为碳水化合物和氧气。光合作用不仅是生命活动的关键因素，也是生物质能形成的必要过程。所以，生物质是地球上存在的最为广泛的物质，它包括所有动物、植物和微生物，以及由这些生命物质派生、排泄和代谢的许多有机质。

生物质含有能量的多少与其品种、生长周期、繁殖、种植和收获方法、抗病抗灾性能、日照时间与强度、环境温度和湿度、雨量和土壤等条件密切相关。太阳能可以转化成热能，也可以转化成电能，但是光合作用产生生物质能的效率却是最低的，光合作用的转化率为 $0.5\% \sim 5\%$。温带地区植物光合作用的转化率全年为太阳全部辐射能的 $0.5\% \sim 2.5\%$，整个生物圈的平均转化率为 $3\% \sim 5\%$。在理想的环境和条件下，全世界大约 25 万种生物进行光合作用的最高效率可以达到 15%，一般环境和条件下其平均效率仅为 0.5% 左右。

尽管光合作用产生生物质能的效率较低，但是其发展潜力却是巨大的。根据保守估计，地球上植物每年光合作用形成的碳多达 2×10^{11} 吨，其能量高达 3×10^{21} 焦。生物质遍布世界各地，其蕴藏量极大，每

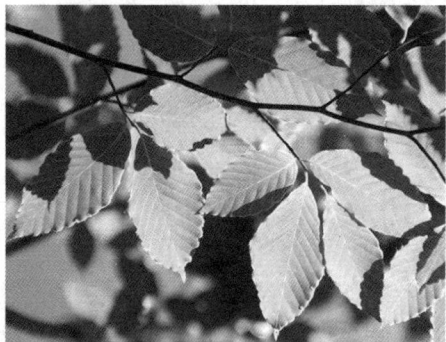

年通过光合作用储存在植物的茎、枝和叶中的太阳能，相当于全世界每年消耗能量的 10 倍。虽然不同国家单位面积生物质的产量不同，但是每个国家都有某种形式的生物质，它是热能的基础来源，为人类提供了基本燃料。

生物质能既有优点，也有缺点。生物质能为我们提供低硫燃料，也是一种廉价的能源。垃圾焚烧发电不仅可以将有机物转化成燃料和二次能源，还可以减少环境公害。作为一种传统能源，生物质能的使用较为成熟，技术上的难题较少。不过，生物质能在过去很长一段时间只能局限于小规模利用，一方面是因为植物仅能将少量的太阳能转化成有机能，另一方面是因为单位土地面积的有机能偏低。同时，生物质的热值和热效率低，直接燃烧生物质的热效率仅为 10%～30%。除此之外，缺乏适合栽种生物质的土地、生物质体积大而不易运输、生物质本身水分偏多等因素也是生物质能的缺点。

生物质能一直是人类赖以生存的重要能源，是仅次于煤炭、石油和天然气的传统能源，在整个能源系统中占有重要地位。在世界能耗中，生物质能约占14%，在不发达和欠发达地区占 60% 以上，全球约 25 亿人的生活能源中有 90% 以上是生物质能。根据能源科学家估计，生物质能有可能成为未来可持续能源系统的组成部分。到 21 世纪中叶，采用新技术生产的各种生物质能替代燃料将占全球总能耗的 40% 以上。

科技能源，综合开发

能源是有限的，正如人类的寿命，如果不加节制地使用，那么人类则会陷入贫困的境地。因此，能源开发要更具可持续性，实行综合开发，让能源利用走更具科技含量的可持续开发道路。

原子能开发的利弊

由于科学家们的不懈努力，人类开始了对原子能的和平利用。

20世纪40年代后期，美国的威拉德·利比发明了同位素碳测年代法。这位芝加哥大学的化学家通过测定放射性碳14原子的衰变把古代遗物年代的测算提到空前精确的水平。放射性碳年代测定法诞生之后，立即在考古学、人类学、地质学领域大显身手，成绩显著。

原子能和平利用的最大成就是各国纷纷建立原子能的核电站。

早在20世纪40年代，科学家们就认识到人类长期使用的煤、石油、天然气等化学能是难以满足日益扩大的需要的。科学家们从发现核能的第一天起，就渴望着利用这新的巨大的能源。

当第二次世界大战的硝烟刚刚逝去，一些军事核大国的科学家就转向了对核能的和平利用。

1951年8月，美国阿贡实验室在津恩的领导下，在爱达荷州的阿尔科建成了世界第一座实验性快中子增值堆，它生产的高温蒸气带动发电机发出了100多千瓦的电力，这是人类第一次用核能发电。

1953年6月，美国第一艘核潜艇的陆上模式堆发电。这是一座用加压水慢化和冷却的反应堆。它的发电成功，为后来核电站的发展在技术上铺平了道路。

1950 年苏联政府通过了建立核电站的决议。1954 年 6 月 27 日，在莫斯科近郊奥布宁斯克，利用石墨水冷的生产技术建成了世界上第一座向工业电网送电的核电站。

1953—1959 年，英国建造的石墨气冷生产堆，每座热功率约 27 万千瓦，电功率 6 万千瓦，效率 22%，组成了卡德豪尔核电站和查佩尔克罗斯核电站。

1956—1961 年，前苏联在新西伯利亚建成 6 座石墨水冷生产堆，每座热功率 60 万千瓦，电功率 10 万千瓦，效率 16.7%，组成西伯利亚核电站。

1954 年，美国修改原子能法，允许私人企业拥有核反应堆，鼓励私人投资核电站。

1957 年 12 月，美国原子能委员会建成了希平港核电站，发电效率大大提高，已与现在的核电站相差无几。

1961 年 7 月，美国又建成商用的杨基核电站。发电成本由 60.5 美厘/度降为 9.2 美厘/度，显示了核电站的巨大潜力。

经过上述的实验阶段，各国对核电站的堆型总结了经验，把最优越的堆型进一步完善，使核电站建设进入了一个新阶段。

新阶段把实验过的十多种堆型多数淘汰了，留下了轻水堆（包括压水和沸水两种）、重水堆、气冷堆、石墨水冷堆等。

轻水堆是目前核电站的主要堆型。占目前已建和将建核电站的 85%。它的优点是结构紧凑、功率密度大、基建费用低、建设周期短等。到 20 世纪 70 年代初，轻水堆中的压水堆，发电成本已从 5 美分/度降低到 0.4 美分/度，比火力发电还便宜，完全可以进入大规模的商用竞争。

沸水堆的基本物理性能是允许水在堆芯内大量沸腾，因而降低了堆内压力，可以减少压力壳

设备制造的困难；同时水在堆芯内变为约285℃的蒸气，可直接引入汽轮机，省去了热交换器，简化了回路。1956年美国国立阿贡实验室建立沸水堆实验核电站，经历了6代改进，其成本可与压水堆相媲美。20世纪70年代初达到了大规模商业推广的阶段。

重水堆核电站的建设，一直是加拿大领先。1962年9月，加拿大建成了世界上第一座加压重水罗尔夫顿实验核电站。电功率2.25万千瓦，热功率9.23万千瓦，以天然铀为原料，以重水为慢化剂。1971年又建成实用的匹克林核电站，经多方实验改进，到1970年末达到了技术成熟商业推广的阶段。印度、巴基斯坦、阿根廷、罗马尼亚等国已先后买进加拿大的重水堆设备和技术资料。

石墨气冷堆是英、法等国由早期军用产怀堆发展成天然铀石墨气冷堆。

英国从1955—1971年实验建立核电站11座。但是，第一座商用改进型气冷堆出现问题，即丹季尼斯13双堆核电站，预计1974年建成，结果推迟到1983年开始发电，基建投资增加4倍，损失20亿英镑，是英国核电站史上的一场灾难性损失。

美国和联邦德国的高温冷气模式堆电站，也经历了困难和曲折，遭受了经济上的损失，没有达到商业化的阶段。

天然铀石墨水冷堆是苏联由军用堆发展而来的。继奥布宁斯克核电站之后，1964年建成了10万千瓦的别洛雅基克1号堆，实现了堆内沸腾和蒸气过热。1983年苏联建成了世界上最大的单堆电功率150万千瓦的石墨沸水堆。1973年苏联在北极圈内的比利比诺核电站向附近的居民供热采暖，造福人民。

20世纪70年代，核电站进入了大发展的阶段。不但能源奇缺的法国、日本、意大利等国优先发展核电站，而且能源较多的美、英、联邦德国等也积极发展核电站，能源输出国苏联也开

始重视核电站的发展。到 1979 年底，已有 41 个国家和地区建成或正在筹建核电站，已运行的核电站 228 座，装机容量 13 105.6 万千瓦；正建的核电站 237 座，容量 22 878.2 万千瓦；订货和计划中的 199 座，容量 20 356.4 万千瓦。

从 1974 年起，各国核电站的发电成本普遍比火电降低 20%～50%。1978 年美国仅核电一项比火电节省了 30 亿美元。

原子核能这头难以驯服的猛兽，在核科学家的驱使下开始为人类工作。但是，稍有不慎，它就会伤害人类。

原子能核电站建立以来，事故已屡见不鲜。1959 年，美国原子能委员会设在洛杉矶郊外的原子能反应堆，由于失水造成高温，发生熔堆事故。1961 年，美国爱荷达州边远地区新创办的国立反应堆实验站的 3 万千瓦沸水反应堆，因操作违章，将控制棒全部抽出堆外，造成反应堆超过临界值而导致燃料熔化，引起蒸气爆炸，并带出大量放射性毒物，3 名工人当场死亡，经济损失巨大。1966 年，美国密歇根州费米增值反应堆发生事故，造成部分反应堆熔化。底特律市郊外的 20 万千瓦核电站反应堆也发生了事故。

在各种大型事故中，内锅三里岛核泄漏事故和苏联切尔诺贝利核电站爆炸最典型，影响最大。

1979 年 3 月 28 日凌晨，美国宾夕法尼亚州三里岛核电站，突然爆发了雷鸣般的巨响，经勘察是发生在 2 号反应堆，立即紧急自动停运。这是一起反应堆熔化爆炸的严重事故。

三里岛核电站是由美国巴伯格公司建造的、容量 88 万千瓦的反应堆，造价 7 亿美元，1978 年 12 月 30 日，投入商业运行，并网发电。

这种核电站是通过反应堆堆芯的核反应产生热量，使水变成蒸气，推动汽轮发电机转动而发电。

三里岛核电站的 2 号反应堆，堆芯

175

装有 100 吨二氧化铀的核燃料。这些核燃料制成 36 816 根燃料棒,排列成 177 个伞形燃料组件,构成反应堆的堆芯。

闭环系统的冷却水沿燃料棒周围循环流淌,使其冷却,在燃料棒近旁,插入 69 根控制棒和 52 根测量棒。控制棒内的镉、银、铟等毒物材料,能吸收中子,可以减慢反应速度。用控制棒插入的深浅来调节核裂变的反应速度。

为了安全,用一个 14 米高的压力壳包住堆芯,压力壳是用 21.6 厘米厚的不锈钢板制成。压力壳外,又用厚 10 厘米的钢筋混凝土和厚钢板建造了 59 米高的圆顶型安全壳大厅。这是一种双保险的安全措施。

事故的发生是由于管道堵塞造成的。1979 年 3 月 27 日下午,树脂堵塞了从冷凝水精制器的软化水装置到接收槽的管道,3 名工人工作了 11 个小时,仍未疏通。3 月 28 日早晨,他们又到汽轮发电机房,试图疏通管道。突然,控制台发出了警报,接着是巨雷般的响声,反应堆紧急自动停堆。

由于管道堵塞,进入蒸气发生器的水量不断减少,使压力壳容器所受压力不断上升,稳压器释放阀被推开,冷却水不断地从反应堆的压力壳容器流出来,造成反应堆堆芯燃料棒周围的冷却水严重不足。堆芯反应放热越来越多,其周围剩下的冷却水变成了大量蒸气,热蒸气包围堆芯,堆芯继续增温,造成了恶性循环。

自动控制系统出现了故障,计算机屏幕上出现了一行行问号。人和机器都处于混乱之中,使事故进一步发展与扩大。

反应堆内测温热电偶所反映的温度高达 2800℃,远远超过了正常运行的 1300℃,守机人员缺乏训练,都不相信这个高温是真实的,认为温度指示失灵了,却没想到是冷却水失去了供应。

16 小时之后,冷却水恢复了供应,但堆芯已发生了严重的事故。

3月29日早晨，工作人员从反应堆内460万升冷却水中取出0.1千克样品，经过化验，发现具有非常强烈的放射性。这时才确定堆芯的合金包壳已经熔化，二氧化铀燃料也已熔化，铀235已散布于冷却水中。

事故发生后，美国政府成立了专门的委员会，经过7个月的调查，向卡特总统递交了一份《美国三里岛核电站事故报告》，说明了各种情况。

由于美国政府长时间不发表正式公告，更引起了人们的普遍恐慌。美国政府主要因为2号堆的事故处理十分棘手，难以采取果断措施。据专家估计，2号堆的清理需10亿美元；2号堆的报废殃及1号堆，1号堆能否废置难以决断，清理2号堆所用时间难以预测，所以，迟迟没有发表公告。

对2号堆的清理，发生很大困难。1984年8月，宾夕法尼亚州州长迪克·桑柏尔说：2号堆的清理必须凑够充足的资金，并保证附近居民的安全；运行人员和指挥人员指挥不当必须公开检讨并取得公众谅解，否则不能同意做新的运作。

14万三里岛居民盲目搬迁，他们在核辐射威胁下惊魂未定，想取得他们的谅解是十分困难的。另一派专家则认为核电站是安全的，核燃料虽已达到高温，几乎造成熔堆，但反应堆的第一层压力壳并未破坏，继续探查事故的实际情况是理所当然的。

1983年秋天，爱达荷州国立工程实验室的研究人员，用遥控设备从三里岛核电站2号堆堆芯取出一部分直径1毫米的燃料碎片，分析了7个试样，测得事故发生时堆芯约为2800℃，这个温度可以使一切合金熔化成流水。据此推测堆芯的燃料破坏非常之大。

分析验证工作，又通过闭路电视遥摄图像对燃料状况进行研究，可以确认损坏的堆芯可分为3层。第一层是堆顶上的爆炸碎片，像细碎的沙砾，可以用管子吸出来；碎片的下面是第二层，是熔融的核燃料，已经冷却为一块，拆除它们是很困难的，必须有特殊的工具；第三层在堆芯下层，是燃料棒沉重的残留部分，也已熔结为一体，即使不做彻底的清理，也使工作人员望而生畏。

由于面临巨大困难，巴伯格公司已无力处理这场事故。国家从科研总结经验的角度正好利用事故现场做研究考察。为此，美国能源部决定拨款两亿美元，

对三里岛核电站燃料损坏和堆芯清理技术做进一步开发研究，将出现严重事故的 2 号反应堆变成了安全研究的实验室。科学家与工程师们利用 2 号堆，对过去计算机完成的设计项目和其他研究成果进行校验核对，得到了一大批可信的数据与公式，为以后核电站的设计与改进提供了理论数据。

苏联乌克兰的切尔诺贝利核电站的爆炸事故，发生在 1986 年 4 月 26 日早晨 1 时 23 分。随着一声冲天巨响，4 号反应堆和厂房被掀上了天空，核燃料引起了熊熊大火，造成了核电站历史上天字第一号大事故。

据事后统计：30 人死亡，24 人严重残废，237 人伤势严重，烧伤面积高达 90%，许多人得了放射性伤害综合征，大约有 300 人住进了医院。

苏联当时的直接经济损失为 20 多亿卢布。4 号机组的爆炸，使 100% 的惰性气体放射性同位素泄漏厂外，其余放射性同位素泄漏量高达 500 万居里，事故后第五天测量放射性同位素的泄漏速率为每天 20 亿居里，第九天后为每天 8000 万居里。这样高的放射性核裂变产物泄漏，其恶果是难以想象的。通常，人体只要接受 10 居里的 γ 射线照射，就能患放射性伤害综合征。

大量放射性物质随风飘散到瑞典、芬兰、丹麦、挪威等欧洲国家，引起各国人民极大的恐惧，国际舆论反响极其强烈。

苏联切尔诺贝利核电站4号机组的运行功率为10万千瓦，理论设计功率为 320 万千瓦。这种反应堆是石墨减压管型，它用轻水循环冷却，在垂直的压力管的上部汽化产生蒸气，蒸气带动两台 50 万千瓦汽轮发电机发电。

反应堆有 211 根吸收棒，用来控制反应速度和紧急防护，也就是用来调节发电功率和保障反应堆安全运行的。在正常运行时，反应堆发电功率必须维持在 70 万千瓦以上，低于这个功率下操作是规程所不允许的。反应堆是通过把所有吸收棒插入反应堆来保证安全运行的。

操作规程规定为确保发电功率和保证紧急防护，在反应堆的堆芯中，至少要有30根吸收棒处于有效的插入状态。

4号反应堆的爆炸事故，正是由于违背了上述操作规程所造成的。科学的规律是不能违背的，谁违背它就会受到无情的惩罚。

4号反应堆的事故在试验过程中发生。为了检验核电站4号机组汽轮发电机在停电时短时间内应急供电的能力，实验人员按计划施行停堆。由于冷却剂流速加大，核反应减慢，4号反应堆以20万千瓦的功率运行，这是违反操作规定的。

为了实验4号反应堆汽轮机的应急供电能力，操作人员故意将绝大多数控制棒与安全棒从反应堆的堆芯中抽出，这也违背了操作规程。更有甚者，竟然关闭了一些重要的安全系统。

反应堆的链式反应不断加大，堆芯的蒸气越来越多，带动汽轮发电机的功率越来越高，操作人员感到问题十分严重，企图用手工操作系统把控制棒和安全棒插入堆芯，但是，已经来不及了。

反应堆超高速增长的功率失控，仅仅在4秒钟内，就达到正常功率的100倍。此时燃料反应释放出高温能量，瞬间就把燃料棒灼烧成粉尘和碎片，这些炽热的燃料微粒及受热膨胀的燃料蒸气引发了巨大的爆炸。

爆炸释放出的巨大能量，把1000吨重的反应堆盖板冲翻，造成顶盖两侧通道钢管断裂。冷却管断裂使反应堆内热膨胀更加失控，引起第二次爆炸。4号反应堆和厂房全被炸毁，燃烧的碎片、核燃料和石墨的红焰喷向整个厂区，保卫外壳被炸坏，放射性物质四处喷射，在4号机组大厅、3号机组房顶、电机房上都燃起了熊熊大火。

爆炸发生后，火光冲天。切尔诺贝利核电站消防队、附近小城瑞比阿特的消防队都迅速赶来救火，经过3个半小时的搏斗才扑灭了大火。

为了安全起见，3 号机组首先停堆，4 月 27 日早晨，1 号、2 号机组也停止运行。这时救火的人们才想到防止放射性物质的污染，但多数人已受到了无法挽回的辐射。

5 月 5 日，反应堆堆芯热量逐渐散发，炽热的石墨逐渐降温，放射性核泄漏与散逸才算基本停止了。

苏联政府在爆炸发生后，立即成立了一个拥有各种职权的紧急处理中心，赶赴现场，协助当地政府进行紧急抢救工作。

灭火之后，立即将核电站周围 30 千米以内的 13.5 万人口撤离到安全地区，想尽各种方法防止水源、食物、饲料、庄稼的进一步污染，通知粉尘污染地区的人们待在家里，不许出门，服用含碘药液，预防核放射的侵害。

苏联切尔若贝尔利核电站爆炸后，各国原子能机构都发表声明，表示愿意派专家与志愿人员赴现场抢救和协助处理事故。苏联也集中了全国的人力物力进行抢救，这对减轻污染和侵害起了良好的作用。

从危险地区撤出的 13.5 万人，没有受到明显的核辐射侵害，污染土层的移去、土壤中放射性同位素的固定、森林和水源污染的消除都得到全国的支援和国际援助。这一事故告诉我们：核能的安全利用、核污染的防止、地球的环境保护等，已是全球性的问题。

1986 年 8 月 25 日，世界原子能委员会与苏联在维也纳举行会议，共同总结这次核电爆炸的经验教训。

苏联专家在会上做了详细的报告，提供了切尔诺贝利核电站的基础设计、技术资料，4 号反应堆爆炸的原因，事故发生的顺序和后果，抢救的措施，防护的后果等；也报告了事故发生后的医学、环境研究计划，核电站新的安全防护，新的操作规程，紧急事故的应急措施等；对事故后放射性辐射和放射性污染及防护也作了专题报告。

苏联专家的坦诚介绍，受到与会各国专家的好评。为了给以后的核电站建设提供经验和教训，为了所有核电站的安全，为了事故发生后的抢救与防护，苏联专家做出了宝贵的贡献。他们的介绍对于任何国家的核电站建设都是极其宝贵的资料，那是以生命和伤残为代价换取的教训！

维也纳 8 月 25—29 日的会议报告，各国专家进行了广泛讨论，提出了许多有益的意见。9 月，国际原子能机构再次召开会议，国际核安全顾问组也做了报告，苏联专家在会议期间有提供了补充材料。这一切，组成了有关切尔诺贝利核电站事故的综合资料，它是一部学习和研究核安全的教科书。

国际原子能委员会要求全世界的核专家都要认真吸取苏联切尔诺贝利核电站爆炸事故的经验教训，以极大的精力研究核电安全，保证它的安全运行。

任何一个核电站都必须建立多层保护，即反应堆最少要有两道保护措施，以防止反应堆堆芯释放出放射性材料污染环境；安全防护系统要确保每道不同的防护层功能彼此独立，当事故破坏了一层保护时，另一层能继续起防护作用，这被称为"层层设防"。核电站的操作系统也必须是两种以上，手工操作系统必须严守规程，一旦核电站的安全面临严重威胁，反应堆的手工操作安全就由自动安全系统所取代，这就是"自动安全"。

如果说 1979 年美国三里岛核泄漏事故为核安全提供了一个实验室的话，那么，1986年苏联切尔诺贝利核电站爆炸事故就为全世界的核专家提供了一部学习和研究核安全的教科书。

科学家们并没有因为核泄漏与核爆炸而畏葸趑趄，他们在失败与挫折中，变得更有经验，更加聪明睿智。他们深知核能有化学能无法比拟的长处，人类必须学会利用核能。

1 千克混合好的碳和氧发生燃烧变成一氧化碳会放出 920 千卡的能量，而 1 千克汞原子核裂变则放出 100 亿千卡的热量。1 千克铀235 原子核完全裂变释放出的能量，相当于 3000 吨煤燃烧的能量。核能比化学能大 1000 万倍！人类怎能因为核能有危险就放弃利用呢？

人类对核能的利用是坚定的。据 1987 年国际原子能委员会统计，全世界已建成商用核电站407 座，总装机容量 300 000 兆瓦，每年发电量为 15 000 亿度。正在建设中的核电站140 座，计划建造的核电站有110 座。

西欧各国核电站的数量最大，法国占电站总数的 69.4%，比利时占 67%，

瑞典占 50.5%，都超过了半数。

亚洲地区核电站起步较晚，方兴未艾。中国台湾省占 43.8%，韩国占 43.6%，日本占 24.7%，许多国家都纷纷建设核电站，中国、印度、巴基斯坦等国都有了自己的核电站，这是一股势不可挡的潮流。

最近，日本以"普贤"和"文殊"来命名他们核电站的新型转换反应堆和原型快堆。它向我们暗示人类一定能依靠自己的智慧驾驭核能这头威力无比的能源巨兽，就像如来佛左右两侧的"普贤"和"文殊"菩萨，能用慈悲和智慧降服凶猛的狮子和大象，使它们成为驰骋千里的坐骑一样。

人类就是应该以这样的英雄气概来征服核能！难道我们因汽车伤亡事故多于马车而拒绝使用风驰电掣的汽车吗？我们能因飞机的空难而拒绝乘坐飞机吗？难道我们能因触电危险就不敢使用电器吗？不！人类从来都是知难而进的。1989 年底，全世界核电站已增加到 452 座。

中国在原子能研究中，完成"两弹一艇"之后，迅速将核电站建设提上了国家的议事日程。

1970 年 2 月 8 日，中国总理就和平利用核能资源问题做出明确指示："二机部（核工业部前身）不能光是爆炸部，要和平利用核能，搞核电站。"12 月 15 日，周总理听取核电站建设方案汇报时，又指示中国核电站建设要采取"安全、适用、经济、自力更生"的方针。

这是向核物理学家发出的号召，也是向核能利用建设大军吹响了进军号角。从此，中国有关专家开始了核电站建设的积极探索。

中国地大物博，人口众多，有丰富的铀矿资源。在制造原子弹、氢弹和核

潜艇之后，中国在核能的理论和实践方面，也积累了宝贵的经验，达到了世界的先进水平，我们完全有能力设计和建成核电站。

随着中国改革开放新政策的实施，东南沿海地区的经济快速发展，出现了经济高速发展与电力资源短缺的矛盾。核电站的安全和用水也是两个重要的因素，为此，经过详细勘探，多方研究，中国第一座核电站选在了浙江省海盐县境内的秦山。

秦山矗立在杭州湾岸边，前临大海，海边是起伏的丘陵。只要炸去山丘，核电站就可以建在坚硬的岩石上。用一条长堤围出 1000 亩土地，清除海水，不占农田，并可前取海水，后取淡水，且交通方便，靠近高压电网，具有得天独厚的自然条件。

1982 年 11 月，国务院正式批准中国第一座自行设计的核电站在秦山动工。

1983 年春天，国务院决定调动中国核工业总公司的建设大军执行这项光荣而艰巨的任务。这支特别能吃苦、特别能战斗的部队告别了大西北的滚滚黄沙，开进了碧波汹涌的杭州湾。

1983 年 6 月 1 日，炸山的炮声隆隆响起，喊声震天，烟尘滚滚，中国核电建设史掀开了新的一页，中国人民要有自己的核电站了。

经七度寒暑，2700 多个日日夜夜，建设大军终于完成了一期工程。30 万千瓦核电站的土建工程已经完工，反应堆、一回路、二回路辅助系统基本建成，核燃料储存、汽轮发电机、主控制楼等设备也已安装完毕，纵横交错的 11 万米管道和 800 多千米长的电缆全部铺设就绪。核工业部建设大军雄风不减当年，他们又一次取得了决定性的胜利。

1991 年 12 月 15 日，秦山核电站 4000 多名建设者聚集在主楼门前的广场上，锣鼓喧天，鞭炮齐鸣，他们奔走相告，欢呼雀跃。秦山核电站正式并网发电了！

秦山核电站在美丽的杭州湾拔地而起，它向全世界庄严地宣告：中国人民不仅能造原子弹、氢弹，而且在核能的和平利用方面也站在了世界的前列。

李鹏总理在视察秦山核电站工程时说："这座核电站的建设成功，标志着中国的核电事业上了一个新台阶。"

中国第二座核电站是 1993 年 9 月 2 日并网发电的，叫大亚湾核电站。

大亚湾核电站位于广东省大亚湾畔的大鹏镇大玩村麻岭角。这里面临大海，背靠山丘，距香港 52.5 千米，距深圳 65 千米，地处电力极缺的经济腾飞地区，它的建成可解香港、广东能源紧缺的燃眉之急。

大亚湾核电站 1983 年 9 月选定站址，1984 年 4 月动工，由广东电力公司和香港中华电力公司共同投资建设。它是中国迄今为止最大的中外合资项目，工程总投资 40 亿元人民币。双方议定正式发电后，70% 的电力供应香港，30% 的电力供应广东，合作期是 20 年。

大亚湾核电站占地面积 198 公顷，其中厂区面积 63.5 公顷。电站安装了两套 900 兆瓦的汽轮发电机组，年发电量为 100 亿度，是中国目前装机容量最大的核电站。

大亚湾核电站与秦山核电站使用的核反应堆都是压水堆。压水堆与沸水堆、重水堆、石墨气冷堆、石墨水冷堆相比，有结构紧凑、功率密度大、基建费用少、建设周期快等优点。

我们使用的压水堆比 20 世纪 60—70 年代初期的压水堆又有了很大的改进。由堆芯均匀装料，一批均匀换料，改为不同浓度燃料分区装载，分区循环换料；取消早期压水堆内的大型十字控制棒，以多个细棒为控制棒，用化学毒物（硼酸溶液）补偿控制由于温度、燃耗变化和裂变产物积累所造成的反应性变化，这就使功率畸变大大下降，降低了功率不均匀系数，显著地提高了反应堆堆芯平均功率密度；用锆合金代替不锈钢做原件包壳，改进了堆物理性能。

核电站的发电原理如下：原子反应堆（压水堆）中的核燃料（铀 235）经过核裂变产生巨大的热能，经热交换器变为蒸气，推动蒸汽轮机，带动发电机发电。回水经过冷凝器、水泵转流回原子反应堆。

为了保证绝对安全，中国的压水堆采用了 3 道安全措施：核燃料包壳、密封反应堆压力包壳、最外层安全包壳。最外层安全包壳是用 90 厘米厚的钢筋混凝土加 6 厘米厚钢内衬物合成的建筑物，它是防止放射性物质外泄最有效的屏障。前苏联的切尔诺贝利核电站就是因为没有这层最有效的安全壳而被炸坏，造成了核电站历史上最惨重的人员伤亡和财产损失。

中国两座核电站都具有 20 世纪 80 年代后期的国际先进水平，使中国成为世界上第七个自行设计和建造核电站的国家，而且是继前苏联、美国之后，第三个建成压水堆型核电站的国家。中国也因此跻身于和平利用核能的世界强国之列。

中国自行设计和建造核电站的成功，对扩大和合理利用能源，促进国民经济发展起到了巨大的作用，特别对中国核能的外销起到了不可估量的作用。

中国江苏、山东、福建、海南各省都在进行核电建设的可行性研究，辽宁省已决定建设两个 100 万千瓦的核电站，厂址已经选定，引进的俄罗斯设备已经订购。21 世纪初，中国核电装机容量达到 3000 万千瓦。

中国已先后与世界 40 多个国家与地区签定了和平利用核能的双边合作协定，向亚非一些发展中国家出口了重水研究堆、微堆和 30 万千瓦核电机组，也外销了部分用于核电站的高质量核燃料，在世界核能舞台上初展英姿，为原子能的和平利用做出了新贡献！

欧洲新能源的开发利用

如今，虽然传统能源仍然占优势，但是在利用和生产替代能源方面，欧洲已经成为全球的领先者。由于石油价格持续上涨，能源公司和消费者也开始从

别的地方寻找新能源。替代能源生产商正在走出石油业巨头的阴影，向阳光、风或海洋索取能源，由于对环境无害的新能源变得更有成本效应、更可行并且更方便，欧洲的新能源开发和利用步入了一个欣欣向荣的阶段。

在欧洲，生产替代能源的设施看起来更像是农场。因为它们为了充分生产足够的电力并提供有效的服务，不管是利用阳光、风还是利用海浪，通常都需要一个开放的空间和适合的条件。在签定《京都议定书》之后，欧盟承诺通过创造一个市场化的竞争条件，鼓励成员国大力开发对环境无害的能源，逐步减少温室气体的排放。

欧洲的新能源有75%是由风力产生的。建立风力电场最理想的位置就是多风的地方，所以海上、山谷、山崖和海岸线地区就成了风力电场的常见区域。不过，风力电场在欧洲也时常引发当地社团的抗议。原因是风力发电机运转时不仅会阻碍视线，也会产生一定的噪声。环保主义者也认为，如果风力电场处于鸟类迁徙或觅食的路线上，那么会危及当地鸟类的生存。

太阳能发电在欧洲同样方兴未艾。德国政府在2004年通过一个法规，对个人或企业太阳能生产者提供担保，确保他们生产的电力最低价格高于标准的市场价格。这一法规的通过引发了德国公众的热心支持，曾经因为太阳能电池板的供不应求而导致主要元件多晶硅价格一度上涨。同时，太阳能收集装置技术也在不断改良中。除了最初的板形太阳能电池板外，槽形的电池板也应运而生，而且它们可以随着阳光的变化而变换角度，从而最大限度地利用日照辐射，将收集到的热能转换为电能。2007年，西班牙Andasol公司在格拉纳达附近建设了两座槽式聚光发电厂，其生产的电力足以供应5万个家庭使用。

在可再生能源领域中，最新的可能就是利用波浪能发电了。"波浪电场"建设在海上，能够无限期地不间断发电。葡萄牙政府雇用苏格兰的海洋动力公司在沿海建立了一个波浪发电农场。这个被称为佩拉米斯的装置是漂浮海上的4个连在一起的利用水力发电的圆柱体，它随着波浪的起伏上下运动，将波浪的能量转变为电力。最初，这个电场有3组这种波浪发电装置，它们发出的电力可以满足1500个家庭的需求。

实践证明，没有一种可再生能源是完美的，太阳能不能 24 小时加以收集，风能也会因为空气流动缓慢而无法利用，但是将它们结合起来，取长补短，不管是来自太阳、天空或海洋，综合利用将减轻燃烧碳氢化合物燃料造成的温室效应。

德国太阳能利用

太阳能应用技术已经有几十年的发展历史了，并且已经逐渐成为数百万家庭供热系统的一部分。通过太阳能集热器，即使在中等纬度地区，每个家庭 60% 的用水也能用太阳能加热。在德国，太阳能利用更为普遍。德国是世界上利用太阳能发电最多的国家，目前全德国太阳能发电量相当于一个大城市的用电量。截至 2005 年底，德国共有 670 万平方米的屋顶铺设了太阳能集热器，总功率达 470 万千瓦。在德国，已经有 4% 的家庭利用太阳能发电或集热，用于日常的家庭生活，估计每年可以节约 2.7 亿升燃料油。

2006 年，全球最大的太阳能发电厂在德国南部的巴伐利亚州正式投入使用。这座投资 7000 万欧元的太阳能发电厂占地 77 公顷，发电总容量达 1.2 万千瓦，能够为 3500 多个家庭供电。这座发电厂拥有 1400 多个可控制的移动太阳能吸热电池板，这些电池板能够随着太阳的移动而自动旋转，从而最大限度

地吸收太阳能发电。这一创新技术使这家发电厂的发电能力比普通太阳能发电厂高出 35%。

德国对太阳能的利用可以追溯到 20 世纪 70 年代。现在，德国已经在太阳能系统的开发、生产、规划和安装等方面积累了大量的经验，发明了一系列高效的太阳能系统。虽然德国全年约 66% 的日照时间是阴天，但是德国依然是全球第一大太阳能发电国。太阳能电池板广布德国境内的波罗的海与黑森林之间的地带，尽管太阳能发电仅占德国总发电量的 3%，所有可再生能源发电量的比例也只有 13%，不过德国政府希望到 2020 年这一比例可以上升到 27%，届时太阳能发电比例将大幅上升。

目前，太阳能发电的成本较高，这主要是由发电量较小导致的。据专家们预测，随着太阳能发电厂的增多，大约在 2020 年太阳能发电的成本就将与常规发电成本持平，到 2040 年将大大低于后者。现在德国太阳能电的成本为每千瓦时（度）0.6 欧元，西班牙为每千瓦时 0.35 欧元，而常规电的成本为每千瓦时 0.2 欧元。但是到了 2040 年，德国的太阳能电的成本将下降到每千瓦时 0.1 欧元，那时，太阳能电将比常规电更富竞争力。根据目前的趋势，太阳能发电量每翻一番，成本就降低 15%~20%。按照目前的价格计算，一座太阳能发电厂的投资可以在 15 年后收回。而且，德国还制定了《可再生能源法》，规定了公共电网必须接受太阳能发电生产的电力，并保证购买和使用太阳能电的居民和企业得到每千瓦时电 0.56 欧元的价格返还，这一鼓励政策大大促进了德国太阳能发电业的发展。

德国政府除了对研究太阳能利用技术、制作相应设备的科研机构和公司提供补助和优惠政策外，还采用经济手段鼓励中小型企业和私人家庭利用太阳能，"10 万屋顶太阳能发电计划"便是一例。1999—2004 年的 5 年中，德国政府向居民和私营中小企业提供 10 年利率为 1.91% 的低息贷款，支持其建造屋顶太阳能电池板。这项计划的目标是安装 10 万套总容量为 30 万~50 万千瓦、每个屋顶 3~5 千瓦的屋顶太阳能发电系统。

科学家的设想——在月球上发电

科学家们设想的空间太阳能发电有两种方案：

（1）建立太阳能发电卫星，在卫星上用太阳能发电。

（2）将月球作为基地，建立太阳能电站。

这两种方案的基本构想相同，都是在地球外层空间利用太阳能发电，以避免地球气候的影响，甚至没有昼夜的区别，一天24小时都可以发电。然后通过微波和激光将电能传输给地球，在地球上装有接收器，再将所转变成的电能供千家万户使用。

在茫茫宇宙天体中，月球是离地球最近的天体。月球自转一圈所需要的时间，恰好等于它绕地球公转一圈所需的时间，而且方向相同，所以月球总是以固定的一面朝着我们。

21世纪人类将在月球上建立"空中之城"——"月球城"。"月球城"既可以作为科学研究的基地，更好地探索茫茫宇宙的奥秘，又是人类未来的能源基地。人类计划把太阳能电站建立在月球上，因为那里不受白天黑夜的影响，终日有阳光照射，全天都可以发电。

科学家们认为，在月球上建立太阳能电站也有一定难度。首先，是工作量太大。例如1000万千瓦的太阳能电站，需要太阳能电池板100平方千米以上，重10万吨以上，需要用航天飞机先将材料分批运到低空轨道安装，再送往高空轨道。其次，发出的电又要转化成微波形式透过大气层传到地面。地面又要用一群庞大的窝式天线阵（它由半波电偶极子组成），把微波电能捕获后，经固体二极管整流成直流电供给用户。

月球近几年来被人类看好作为能源基地的原因，还在于它蕴藏有大量的原料氦-3 和重氢（氘）。根据"阿波罗"宇宙飞船从月球上带回的样品分析表明，在月球的地层里除含有大量的有色金属，还含有一种最引人注目的原料氦-3和重氢（氘）。由于月球上没有空气，所以在那里提炼出的金属纯度很高。如果在月球上提炼氦-3 和重氢（氘），会产生大量的水、氢、氧、氮、碳等物质，这些物质恰好是月球上没有的，可以给人类提供在月球上生存的条件，还可以给飞往其他天体的飞行器提供氢氧作燃料，它和现在利用的核能相比，有很多优点。用氦-3 作燃料的核反应堆几乎不产生中子，反应堆外壁不受损害，可以用得很久，而且污染很小，废料容易处理，是人类控制聚变反应速度以后最理想的核能。

我国的太阳能使用现状

目前，中国已是全球太阳能热水器生产量和使用量最大的国家以及重要的太阳能光伏电池生产国。

中国比较成熟的太阳能产品有两项：太阳能光伏发电系统和太阳热水系统。

中国光伏发电产业于 20 世纪 70 年代起步，经过约 40 年的努力，已迎来了快速发展的新阶段。在"光明工程"先导项目和"送电到乡"工程等国家项目及世界光伏市场的有力拉动下，中国光伏发电产业迅猛发展。到 2007 年年底，全国光伏系统的累计装机容量达到 10 万千瓦，2008 年太阳能电池的产量达到 200 万千瓦。

经过多年的发展，中国太阳热水器产业已形成较为完整的产业化体系。从原材料加工、热水器产品制造到营销服务、综合配套协调发展，无论从产值还是保有量都已成为名副其实的太阳能热水器生产和应用大国。2007 年，中国太阳能热水器产量的增长速度约为 30%，年产量达 2340 万平方米，总保有量约为 10 800 万平方米。2007 年，太阳能热水器市场销售额约为 320 亿元人民币，产值亿元人民币以上的企业有 20 多家。太阳能热水器的出口额增长约为 28%，6500 万美元左右，产品出口欧洲、美洲、非洲、东南亚等 50 多个国家和地区。2008 年中国太阳能热水器行业继续稳步快速发展。其中，产值达 430 亿元，出口达 1 亿美元。

2008 下半年以来，金融风暴危及中国，让光伏企业深受影响：订单减少，多晶硅价格下降。这次金融危机的影响是深远的，但太阳能独特的优势，决定了它的发展趋势并没有也不可能改变。此次金融危机，对于正处于行业洗牌阶段的太阳能热水器产业来说，并不一定是件坏事，反而对促进产业的快速升级具有现实意义。另外国务院实行的一些措施都着眼于拉动内需、拉动农村经济发展、拉动中小企业发展，对太阳能热利用行业发展非常有益。

在金融危机形势下，2009 年 3 月中国出台了"太阳能屋顶计划"，2009 年 7 月 21 日财政部、科技部、国家能源局联合宣布在中国正式启动"金太阳"示范工程。2009 年国家出台的政策将推动国内太阳能发电市场发展，在中国政府强有力的政策引导下，光伏产业不仅让国内企业看到了机遇，而且已经吸引了世界的目光。2009 年太阳能热水器"下乡"是太阳能热水器行业的一件大事，标志着太阳能热水器得到国家认可，中国太阳能热水器行业已迈入新的时代。

2009 年 12 月 18 日，出席哥本哈根世界气候大会的中国总理在演讲中宣布，中国太阳能热水器集热面积世界第一，为世界节能减排事业做出了积极贡献。

相比太阳能热水器行业的火热，中国光伏发电市场更是经历了爆炸式增长。在"送电到

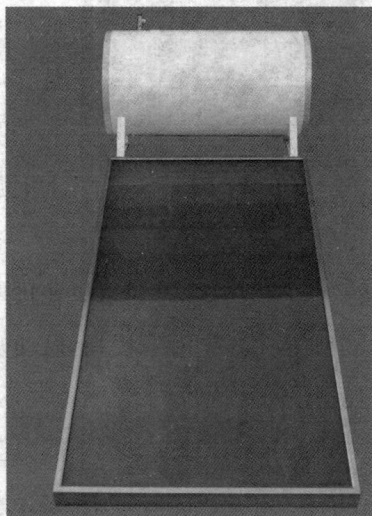

乡"工程和国际光伏发电市场的拉动下，中国太阳能光伏电池组件制造业出现了跳跃式发展。2000年，中国光伏组件的生产能力不到1万千瓦；2008年，太阳能电池生产量已经达到了260万千瓦，居世界第一位。近几年来，中国先后有20多家光伏企业在海内外上市，2008年世界前30名的光伏电池生产商有10家在大陆，4家在台湾。光伏产业链包括多晶硅、电池、电池系统等多个环节，多晶硅则是整个产业链的关键原材料。和光伏行业近10年的跳跃式发展相比，中国式多晶硅的跃进更令人叹为观止，短短4年就从鼓励类产业走入了疑似过剩行业队伍。

2005年以前，原材料供给、多晶硅核心的提纯技术掌握在少数发达国家大厂商手中，国产太阳能多晶硅厂家技术水平低，不仅产量小，而且产品成本高，整个光伏制造业完全沦为两头在外、微利代工的尴尬局面。多晶硅成本平均占到下游总成本的170%，太阳能企业的利润率被上游多晶硅厂商挤压。

多晶硅材料提纯进入门槛高，产量成为制约中下游的发展瓶颈，也令多晶硅成为太阳能行业链条的暴利环节。国际多晶硅价格一路飞升，从2004年每千克几十美元，到2008年9月涨至每千克500美元。

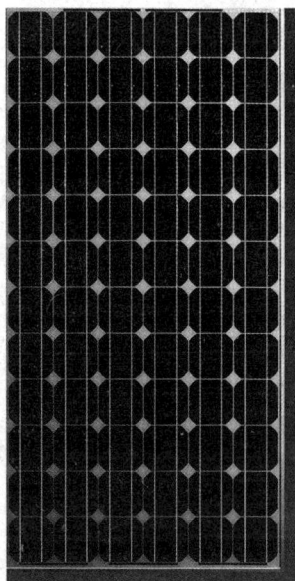

起初，由于多晶硅需要高投入和相对长的投资周期，几乎没有企业投资。而光伏电池组件投资壁垒低，投产见效快，一般组件厂建成投产仅需3～6个月，几乎成了所有投资者的选择。

但在暴利吸引下，从2006年开始，大量资金进入上游硅料提纯。同时，在科技部"863"攻关计划、"十一五"计划、国家发改委《高纯硅材料高技术产业化重大专项》等多方推动下，中国多晶硅行业开始启动并快速增长。

从整个太阳能光伏产业链来看，目前中国的制造能力已接近全球的1/3，但从发电来看，2008年全球累计光伏发电6850兆瓦，而中国仅为140兆瓦，其中已经并网的仅有 10 兆瓦，占全球总安装量的比例仅为 0.73%。

2008 年，中国开始启动屋顶和大型地面并网光伏发电示范项目建设工作，2009 年初完成了甘肃敦煌 1 万千瓦级大型荒漠并网光伏电站的招标工作，并网光伏发电的规模化发展已进入视野。由此可以判断，中国的太阳能行业将继续保持高速增长。

不过，太阳能产业受到科技水平的限制，应用成本还比较高，应对之保持冷静客观的态度。

比如在太阳能发电方面，2010 年 3 月 18 日，国家发改委新能源司副司长史立山在可再生能源产业发展论坛上表示，目前国内还不适合大规模发展太阳能发电，当前扩大可再生能源发电总量的难度很大。他表示，主要原因在于太阳能电站的成本仍太高，除去电池板本身的成本，1 千瓦的建设成本达 8000 元。现在很多地方出现了为建电站而建的现象，这并不是政策支持的方向，目前中国太阳能的发展政策仍是推动一些示范项目的发展，旨在提高科技研发，以及一些小规模的实际应用。

法国的节能措施

最大限度地节约不可再生资源、保障可持续发展，是法国许多能源专家的共识。为此，法国政府制定了一系列保证可持续发展的政策，除鼓励开发利用可再生能源和核能，更通过扶持发展洁净汽车、降低新房能耗等一系列措施鼓励人们在生活中节能减排。

法国是一个能源资源相对匮乏的国家，大力发展核能成为法国应对能源不足的主要手段。在经历两次世界石油危机之后，法国政府便下决心推动核能发

电。现在，法国已经成为世界核能利用大国，每年因此减少石油进口费用 240 亿欧元。除核能外，法国还大力发展可再生能源，特别是风能、太阳能和生物能源。从 1996 年开始，法国政府发起了"太阳行动"计划，希望在 5 年内安装两万个太阳能热水器。为了能够让普通居民承受得起太阳能热水器的价格（2300～5000 欧元），地方政府及环境与能源管理局承担大约 30% 的费用，剩余部分由消费者在 8～12 年内以分期付款的方式还清。这样一来，每年节约的热水费就足以支付分期付款的费用了。"太阳行动"计划于 1999 年提前实现，法国因此每年少进口石油 1 万吨，而该国热水平均价格也因此下降 1/3。

法国政府制定了一系列鼓励研发洁净汽车的措施，专门拨款 1 亿欧元，用于资助研发每 100 千米耗油量低于 3.4 升，且每千米二氧化碳排放量低于 100 克的家庭用车。近年来，汽车制造商推出了一系列的环保型汽车，如电动汽车、天然气汽车、电动—燃油混合动力汽车以及生物燃油汽车等。现在，法国市场销售的新车几乎全部符合欧盟的环保标准，不但每百千米耗油量明显减少，二氧化碳及污染颗粒物排放也显著下降。为了加速旧车的更新，降低交通污染，法国政府决定从 2008 年初开始对旧车增收保险附加费，对购买节能环保型汽车给予返款，并向报废旧车的车主支付一定数额的回收费。此外，法国政府还决定大力发展铁路运输，计划在 2020 年前新建 2000 千米的高速铁路，除安全因素等特殊情况需要外，尽可能地停止一切公路建设计划。

据统计，法国民居建筑的能源消费占法国能源总消费的 45%，排放的温室气体占法国温室气体总排放量的 25%。为了降低建筑能耗，法国政府近年来采取措施大力发展节能型建筑，通过改善房屋结构和利用自然能源，达到节约电能和保护环境的目的。2000 年法国开始实施"预防气候变化全国行动计划"，同年 12 月又制定了"全国改善能源消耗效率行动"方案，根据不同地理位置的光照、温度和湿度等自然条件，评估不同建筑材料的能源利用效率。同时，法国政府也积极为民众提供咨询服务，法国环境及能源管理局从 2003 年开始在各社区设立能源信息站，已为约 100 万人提供了有关信息和建议，其中 1/4 的人对自己的住房进行了节能改造。为了鼓励房屋所有者主动降低建筑能耗，法国政府还规定，如果房主住房消耗的能源低于法国平均标准8%～15%，其房屋地皮税就可以减征50%。

美国水资源节约措施

作为世界上最发达的国家之一，美国在水资源管理上也处于领先地位，政府一直不断加强水资源管理的国家级战略决策，完善水资源的综合管理。早在1965年，美国国会就通过了《水资源规划法》，并以此组建了国家水资源委员会，分析研究全国水资源及其变化趋势，拟定水资源合理管理的原则和实施方法。

1980年之后，美国开始实施全国性的强化节水行动，并取得了较好的效果。美国城市用水中家庭用水和商业用水的比例较大，约占城镇总用水的70%以上。在家庭用水中，全国家庭平均花园用水占总用水的1/3，城镇公共绿地用水比例也很大，干旱地区城市绿地用水甚至占50%。100年前，美国人均每天消费生活用水38升，现在是380升。美国家庭用水和污水处理花费为年均474美元，按占家庭总收入的比例计算，在所有发达国家中是最低的，其中，家庭节约用水发挥了重要的作用。

美国的家庭用水主要有卫浴用水、洗衣用水和厨房用水，其中卫浴用水和洗衣用水所占比例超过66%。在家庭节约用水方面，美国环保署从改变不良用

水习惯和使用节水产品上制定措施，考虑到家庭用水的各个环节。美国环保署通过各种形式提醒大众：不要开着水龙头刮胡子和刷牙；尽量缩短沐浴时间；使用沐浴液和洗发液的时候关上水龙头；不要把马桶当成垃圾桶；盆浴时浴缸里放半缸就可以了；把水果和蔬菜放在盆里清洗；不要用水解冻食品；洗碗机最好满负荷使用，并根据负荷调整水量；洗碗时在洗涤槽内充水漂洗。同时，应当定期检查自来水管道系统，一旦发现任何渗透，要及时修理，减少浪费。

除了推广节约用水理念外，美国环保署还加强了节水器具的研发和推广计划。这一计划的主要目的是通过推广使用节水器具，提高消费者关心产品节水性能的意识，改变购买习惯，帮助消费者选择产品，在保证产品质量的同时促进产品革新。节水器具虽然貌不惊人，但是作用不小。不仅可以减少用水量，还可以同时减少污水处理量，起到了节水减污的作用。

家庭节水产品主要是水龙头、淋浴喷头、马桶和洗衣机。1988 年，马萨诸塞州率先对新安装的抽水马桶一次冲水量做了限制。随后，美国 14 个州也跟随效仿，其中许多州还要求更换节水型的淋浴喷头和水龙头。1992 年，美国国会立法要求所有在美国境内出售的马桶必须达到一次耗水量不超过 6 升的标准。目前，美国制造的淋浴喷头要求每分钟水流量不超过 0.95 升。在美国已经很普遍的滚筒洗衣机是美国家庭洗衣节水的推荐产品。使用低流量水龙头也被普遍认为是非常有效的节水措施，同时其购买和安装的费用也不高。2001 年在美国西雅图做的一项调查表明，使用低流量水龙头可以节水 13%。

美国的废物利用

近年来，随着能源资源的日益紧张，美国环境保护署越来越重视垃圾填埋场甲烷气体的利用问题，通过推广垃圾填埋场甲烷使用计划，引导州政府和相关企业投资垃圾填埋场的能源项目，促进甲烷气体的回收和利用。目前，美国在垃圾甲烷发电方面已经走在了世界前列。

根据美国环境保护署的统计，美国每年产生近3亿吨生活垃圾。由于垃圾中含有大量的有机物，在垃圾降解发酵过程中产生大量甲烷。垃圾填埋场已经成为美国最大的甲烷气体排放源头，在全美甲烷气体排放总量中所占的比例高达34%。科学研究表明，垃圾发酵后散发的气体中大约有50%是甲烷，而它正是继二氧化碳之后影响全球气候变暖的第二大原因。甲烷对大气的影响为9～15年，其温室效应是二氧化碳的21倍。同时，甲烷又是重要的能源资源，如果能够有效利用垃圾填埋场的这种气体，那么其能源、环境和经济效益都十分可观。

现在，美国的垃圾填埋2/3的甲烷用于发电。垃圾甲烷发电的基本技术路线是：垃圾填埋、发酵、产生甲烷、燃烧、发电、产生电能。科学家预测，如果能够得到有效利用，美国垃圾填埋场的能源潜力令人瞩目，可望生产价值280亿美元的电力。根据美国环境保护署的统计，迄今为止，美国已经有425座垃圾填埋场配备了甲烷发电设施，发电总量达120万千瓦。

2007 年，美国废品管理公司宣布，该公司计划在未来 5 年内投资 4 亿美元，在其属下的 60 个垃圾填埋场建立甲烷发电设施。设立在得克萨斯州、弗吉尼亚州、纽约州、科罗拉多州、马萨诸塞州、伊利诺伊州和威斯康星州的垃圾填埋场将率先修建，新增设施的发电能力将达到 23 万千瓦。作为全球最大的垃圾处理公司，美国废品管理公司增设甲烷发电厂的决定有其经济方面的考虑。该公司目前在北美地区经营 281 座垃圾填埋场，其中已经有 100 座配备了甲烷发电设施，辅之以联邦政府的税收优惠，为企业增加了一笔不小的收入。2007 年第一季度，该公司的利润增长了 19%，总额达到 2.22 亿美元。

垃圾填埋场带来的商业价值也刺激了投资者研发垃圾处理技术的热情。美国旗舰风险投资公司就向马萨诸塞州的一家私营企业投资 450 万美元建造一个垃圾发电实验工厂，推动利用汽化技术处理城市建筑垃圾。

美国利用垃圾填埋场甲烷发电的环保效益相当可观。在过去的 12 年中，美国环境保护署通过推广垃圾填埋区甲烷使用计划，帮助开发了大约 330 个垃圾填埋场气体利用项目。仅 2006 年，美国所有的垃圾填埋场气体能源项目就减少了 2000 万吨温室气体排放，其环保效应相当于路上减少了 1400 万辆汽车或种植了 800 万公顷的树林。